AF664605

Das Formelbuch zum Betriebswirt IHK

Als Ergänzung zu „**Das Buch zum Betriebswirt IHK**“

Ohne ausdrückliche Genehmigung der Autoren und der Lernstarter Bildungsmedien UG ist es nicht gestattet, das Buch oder Teile daraus in irgendeiner Form zu vervielfältigen.

Das Formelbuch zum Betriebswirt IHK

Copyright: © Heilbronn, 2012 – Sascha Paustian; Marco Gries

Druck und Verlag: BOD; Lernstarter Bildungsmedien UG

Layout und Covergestaltung: Mirijam Brenner

ISBN 978-3-9815428-1-3

Kommerzielle Nutzung durch: Lernstarter Bildungsmedien UG

Bibliografische Information der Deutschen Nationalbibliothek

Die Deutsche Nationalbibliothek verzeichnet diese Publikation in der Deutschen Nationalbibliografie; detaillierte bibliografische Daten sind im Internet über **http://dnb.d-nb.de** abrufbar.

MIX
Papier aus verantwortungsvollen Quellen
Paper from responsible sources
FSC® C105338

Hinweis

In dieser Formelsammlung kann von Arbeitnehmern, Mitarbeitern, Kunden u. Ä. die Rede sein. Hiermit sind selbstverständlich auch Arbeitnehmerinnen, Mitarbeiterinnen und Kundinnen gemeint. Wir als Lernstarter gehen davon aus, dass Sie die Verwendung nur einer Geschlechtsform nicht als Benachteiligung empfinden, sondern dass auch Sie zugunsten einer besseren Lesbarkeit diese Formulierungshinweise akzeptieren.

Diese Formelsammlung darf ohne die schriftliche Genehmigung der Lernstarter Bildungsmedien UG weder ganz noch teilweise kopiert und fotografiert, reproduziert, übersetzt oder in elektronische oder maschinenlesbare Form konvertiert werden. Der Eigentümer oder autorisierte Benutzer darf diese Formelsammlung weder ganz noch teilweise für andere Zwecke drucken, reproduzieren, weitergeben, weiterverkaufen oder übertragen. Dies gilt insbesondere für kommerzielle Zwecke, wie den Verkauf von Kopien dieser Formelsammlung.
Die Autoren und die Lernstarter Bildungsmedien UG übernehmen keine Haftung für die Vollständigkeit und Richtigkeit. Irrtümer vorbehalten.

Gerne halten wir Sie (im Falle von Ergänzungen & Neuheiten) auf dem Laufenden, wenn Sie wünschen.
Bitte senden Sie uns einfach eine kurze E-Mail an
update@lernstarter.de

Autoren dieser Formelsammlung:
Sascha Paustian
Marco Gries

Ist diese Formelsammlung von der IHK zugelassen für Ihre Prüfung?

Zulässig sind meistens (wenn nicht anders angegeben) alle Formelsammlungen, die gedruckt bzw. gebunden sind und für jedermann zugänglich sind, sogenannte "handelsübliche" Formelsammlungen. Zulässig/handelsüblich ist die Formelsammlung immer dann, wenn sie über den (Buch-)handel zu beziehen ist. Die Formelsammlung muss als Formelsammlung deklariert sein und darf keine weitergehenden Kommentierungen, handschriftliche Ergänzungen oder andere individuelle Erweiterungen enthalten. Wie viele Formelsammlungen Sie zur Prüfung mitbringen ist unerheblich. Auch spielt es keine Rolle von welchem Verlag die Formelsammlung herausgegeben wird.[1]

Diesen zitierten Ansprüchen entspricht diese Formelsammlung. Es gibt in dieser Sammlung keine tiefgründigen Formulierungen und Beschreibungen. Es wird lediglich die Formel und deren Anwendung dargestellt und in kurzen Sätzen erklärt. Natürlich bestimmt am Ende immer der jeweilige Prüfungsausschuss ob generell Formelsammlungen zugelassen werden. Auch kann es sein, dass die IHK in Zukunft nur hauseigene Formelsammlungen zur Prüfung zulassässt. Hierzu existieren bereits einheitliche Formelsammlungen der DIHK.

Die genauen Zulassungskriterien einer Formelsammlung entnehmen Sie der Prüfungseinladung der jeweiligen Industrie- und Handelskammer.

Auch wenn Sie dieses Formelbuch nicht in der Prüfung nutzen dürfen, hoffen wir dennoch, dass dieses Buch Ihnen bei der Prüfungsvorbereitung hilft und Zusammenhänge und Lösungsschemas besser verdeutlichen kann.

---

[1] Industrie- und Handelskammer Kassel
http://www.ihk-kassel.de/index.cfm?at=Aus- und Weiterbildung&pt=AuW_Weiterbildung_Fortbildungspruefungen_Hilfsmittel

Wie verwende ich diese Formelsammlung in den Prüfungen?

Orientieren Sie sich an dem Stichwortverzeichnis, wenn Sie einen bestimmten Wert errechnen müssen. Dort finden Sie alle enthaltenen Formeln alphabetisch sortiert. Sollten Sie eine gewünschte Formel nicht finden, so schauen Sie bitte im Inhaltsverzeichnis (folgende Seite) nach der jeweiligen zuordenbaren Thematik.

Kleine und hilfreiche Kommentare finden Sie immer unten in der jeweiligen Fußzeile. Die jeweiligen Kommentierungen sind bewusst so knapp wie möglich gehalten worden.

Versuchen Sie sich bereits vor den Prüfungen mit diesem Formelbuch vertraut zu machen, um sich noch schneller und besser zurechtzufinden. Nur wer seine Formelsammlung wirklich kennt, kann damit wirklich effizient arbeiten und die jeweiligen Aufgabenstellungen lösen.

Muss ein Prozentwert als Dezimalzahl angegeben werden, so ist dieser durch 100% zu teilen. Beträgt der Prozentwert z. B. 5%, dann lautet er als Dezimalzahl 0,05.

Meistens wird in diesem Formelbuch durch eine eingekreiste Grafik der Hinweis auf das Format des Ergebnisses gegeben.

Wir wünschen Ihnen viel Erfolg und gutes Gelingen auf Ihrem Weg zum Geprüften Betriebswirt IHK.

Inhalt der Formelsammlung

Formelverzeichnis

A

B

C

H

I

J

K

L

M

N

O

P

R

S

T

U

V

W

Z

1. Marketing-Management

1.1 Portfolioanalyse

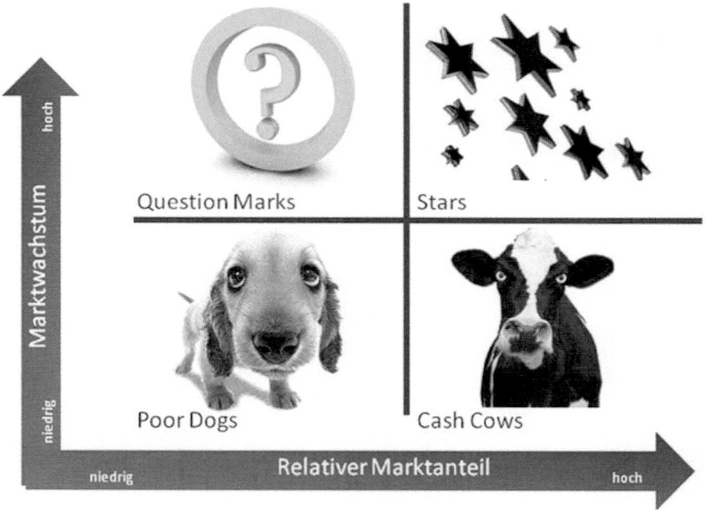

Wird oft auch als „BCG-Portfolio" oder „BCG-Matrix" bezeichnet und soll den Aufbau des Firmenportfolios und dessen Produktlebenszyklen darstellen.

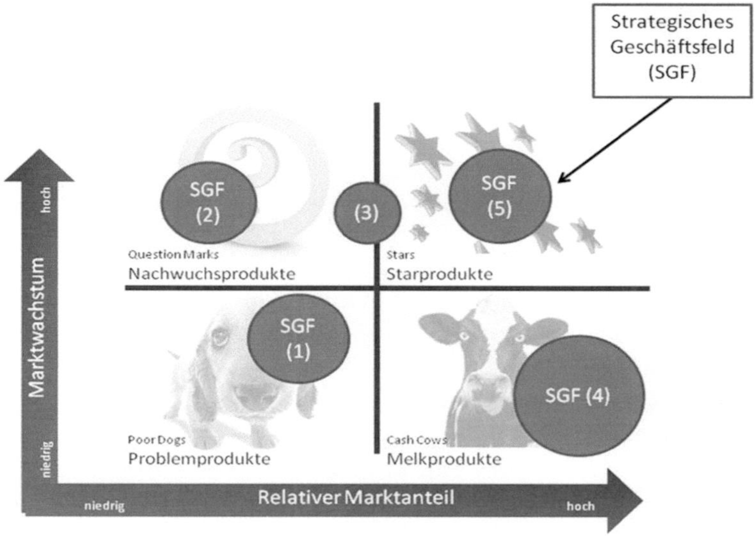

Der Marktanteil (angegeben als Wert) eines Unternehmens

$$\frac{\text{Eigener Umsatz des Unternehmens} * 100}{\text{Marktvolumen (Umsatz von allen Unternehmen)}} = \text{Marktanteil}$$

Das Ergebnis ist eine Prozent-Zahl!

Der absolute Marktanteil eines Unternehmens

$$\frac{\text{Absatzvolumen} * 100}{\text{Marktvolumen}} = \text{Absoluter Marktanteil}$$

Das Ergebnis ist eine Prozent-Zahl!

Marktpotenzial[2] = Einwohner des Einzugsgebiets
* Ø Pro-Kopf-Ausgaben in der Branche
* Kaufkraft des Einzugsgebiets
+ Zuflüsse an Kaufkraft von anderen Gebieten.
- Abflüsse an Kaufkraft in andere Gebiete.

[2] Das Marktpotenzial entspricht in etwa der Marktkapazität. Es handelt sich hierbei um die gesamte Aufnahmefähigkeit des Marktes.

$$\text{TOMI}^{3} = \frac{Nettoumsatz - Werbekosten}{Eingesetzte\ Werbekosten}$$

Alle Ergebnisse hier sind finanzielle Werte!

Target Costing

Umsatz in EUR = Menge * Zielpreis (Mengeneinheit in EUR)

Zielkosten = Zielpreis - Zielgewinn

Alle Ergebnisse hier sind finanzielle Werte!

$$\text{Wettbewerbssituation} = \frac{Erreichte\ Werte - Minimale\ Werte}{Maximale\ Werte - Minimale\ Werte}$$

Mit Werten sind Geldbeträge oder prozentuale Werte gemeint. .

$$\text{Marktattraktivität} = \frac{Veränderung\ des\ Marktvolumens * 100}{Veränderung\ des\ Marktvolumens\ im\ Vorjahr}$$

Das Ergebnis ist eine Prozent-Zahl!

[3] Der Turnover On Marketing Investment (TOMI) beschreibt das Verhältnis zwischen eingesetztem Kapital (Werbekosten) und dem erzielten Nettoumsatz.

1.2. SWOT-Analyse

Die SWOT-Analyse ist ein Instrument zur Strategieanalyse.

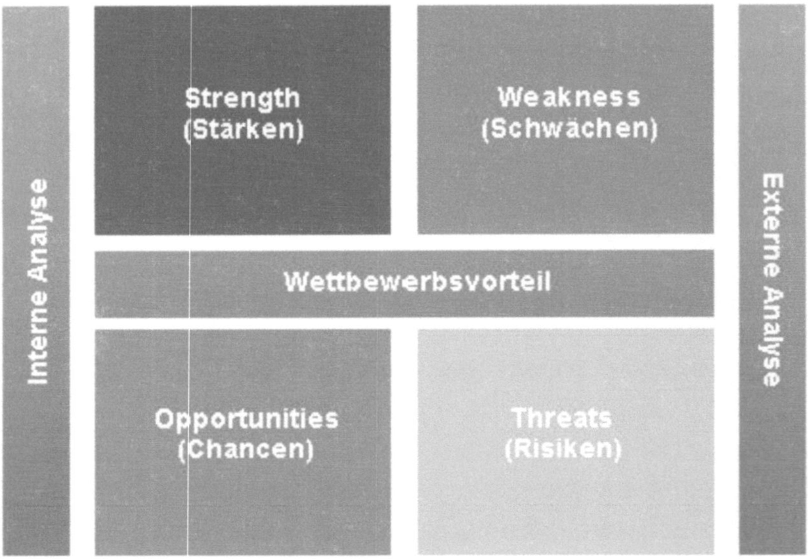

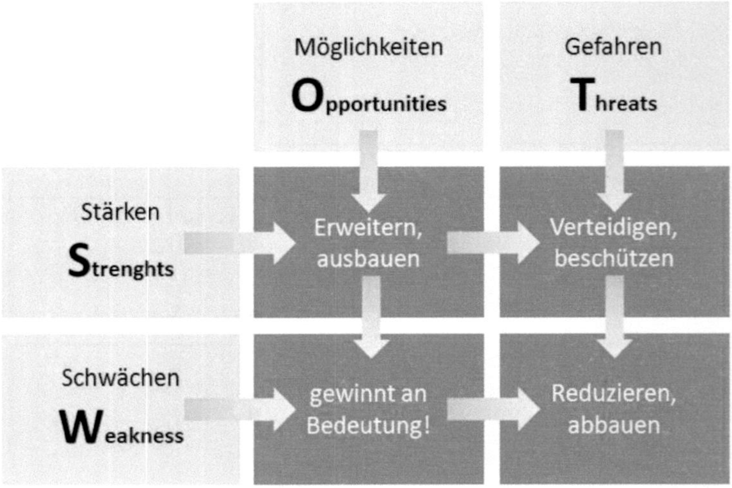

2. Bilanz- und Steuerpolitik des Unternehmens

2.1. Bilanzpolitik

Die allererste Frage ist in der Wirtschaft immer, ob etwas wirtschaftlich ist. Deshalb finden Sie hier drei Möglichkeiten, wie herausgefunden werden kann ob etwas wirtschaftlich ist.

Wirtschaftlichkeit: Am Ende muss das Ergebnis größer als EINS sein, ansonsten ist es UNWIRTSCHAFTLICH.

$$\textbf{Wirtschaftlichkeit} = \frac{\text{Ertrag}}{\text{Aufwand}} \text{ oder } \frac{\text{Umsatzerlös}}{\text{Kosten}} \text{ oder } \frac{\text{Sollkosten}}{\text{Istkosten}} \geq 1$$

Buchungsregeln

1. Keine Buchung ohne Beleg
2. Der Buchungssatz lautet: **Soll** an **Haben**.
3. Die Bilanz besteht immer aus Aktiv- und Passivkonten.
4. Aktivkonten nehmen im Soll zu und im Haben ab
5. Passivkonten nehmen im Soll ab und im Haben zu.
6. Aufwendungen werden immer im Soll gebucht.
7. Erträge werden im Haben gebucht.
8. Aufwands- und Ertragskonten über das GuV-Konto schließen.
9. Das GuV-Konto wird über das Eigenkapital abgeschlossen.

Aktiva	Bilanz	Passiva
Anlagevermögen		Eigenkapital
Umlaufvermögen		Gesamtkapital
Gesamtvermögen		**Gesamtkapital**
Vermögensverwendung		Vermögensquellen

Aktivkonto

Soll	Haben
Zunahme	Abgang

Passivkonto

Soll	Haben
Abgang	Zunahme

Die Vorgehensweise für die Bestimmung eines Buchungssatz

1. Welche Konten werden angesprochen?
2. Handelt es sich um Aktiv- oder Passivkonten?
3. Liegt eine Zunahme oder Abnahme vor?
4. Auf welcher Seite muss gebucht werden?
5. Soll-Buchung wird immer zuerst vorgenommen.

Die 4 Buchungsvorgänge in einer Bilanz

Aktivtausch (das auf der Aktiv-Seite stehende Vermögen ändert sich / z. B. Kauf einer Maschine)
Passivtausch (das auf der Passiv-Seite stehende Vermögen ändert sich / z. B. Kreditumschuldung)
Aktiv-Passiv-Mehrung (beide Seiten der Bilanz vergrößern sich / z. B. Kauf von Betriebsstoffen auf Ziel)
Aktiv-Passiv-Minderung (beide Seiten verringern sich /z. B. Bezahlung eines Lieferanten)

Einstandspreis für einen Einkauf

Listenpreis (NETTO)
- Rabatte (wie z. B. Mengenrabatt, Funktionsrabatt usw.)
= Zieleinkaufspreis
- Skonti (für kurzfristige Zahlungen)
= Bareinkaufspreis
+ Bezugskosten (Verpackung, Fracht, Zölle, Provision usw.)
= Einstandspreis

Anschaffungskosten

Anschaffungspreis
- Anschaffungsminderungen (z. B. Rabatt, Bonus, Skonti)
+ Anschaffungsnebenkosten (z. B. Transportkosten, Installationskosten)
+ nachträgliche Anschaffungskosten

= Anschaffungskosten

Inventur

Inventur = mengen- und wertmäßige Bestandsaufnahme aller Vermögensteile und Schulden eines Unternehmens zu einem bestimmten Zeitpunkt. Ermittelte Bestände einer Inventur werden im Inventar ausgewiesen.

Summe der Vermögensteile
- Summe der Schulden

= Reinvermögen (Eigenkapital)

Herstellungskosten[4]

Herstellungskosten nach Handelsrecht	
Materialkosten	
+	Fertigungseinzelkosten
+	Sondereinzelkosten der Fertigung
=	**Untergrenze der Herstellungskosten**
+	Materialgemeinkosten
+	Fertigungsgemeinkosten
+	Abschreibungen
+	Allgemeine Verwaltungskosten
+	Aufwendungen f. betriebliche soziale Einrichtungen
+	Aufwendungen f. freiwillige soziale Leistungen
+	Aufwendungen f. betriebliche Altersversorgung
+	bestimmte Fremdkapitalzinsen
=	**Obergrenze der Herstellungskosten**

In § 255 Abs. 2 HGB findet sich die Legaldefinition:

"Herstellungskosten sind die Aufwendungen, die durch den Verbrauch von Gütern und die Inanspruchnahme von Diensten für die Herstellung eines Vermögensgegenstands, seine Erweiterung oder für eine über seinen ursprünglichen Zustand hinausgehende wesentliche Verbesserung entstehen."

[4] Herstellungskosten sind im Handelsrecht geregelt und dienen als Maßstab für die Bewertung von Vermögensgegenständen (handelsrechtlicher Begriff) oder Wirtschaftsgütern (steuerrechtlicher Begriff).

Herstellungskosten nach Steuerrecht	
Materialkosten	
+	Fertigungseinzelkosten
+	Sondereinzelkosten der Fertigung
+	Materialgemeinkosten
+	Fertigungsgemeinkosten
+	Abschreibungen
=	**Untergrenze der Herstellungskosten**
+	Allgemeine Verwaltungskosten
+	Aufwendungen f. betriebliche soziale Einrichtungen
+	Aufwendungen f. freiwillige soziale Leistungen
+	Aufwendungen f. betriebliche Altersversorgung
+	bestimmte Fremdkapitalzinsen
=	**Obergrenze der Herstellungskosten**

Bestandsveränderungen

Bestandsmehrung

wenn

Produktionsmenge	>	Absatzmenge
Schlussbestand	>	Anfangsbestand

Bestandsminderung

wenn

Produktionsmenge	<	Absatzmenge
Schlussbestand	<	Anfangsbestand

Beispiele

Buchungssatz bei einer Mehrung:

Rohstoffe ***an*** *Aufwendungen für Rohstoffe*

Bei einer Minderung:

Aufwendungen für Rohstoffe ***an*** *Rohstoffe*

Abschreibungen

AfA[5]-Betrag = $\frac{Anschaffungskosten}{Nutzungsdauer}$

Lineare Abschreibung

Abschreibungsbetrag[6] = $\frac{Abschreibungsbasis}{Nutzungsdauer}$

Degressive Abschreibung

Bei den degressiven Abschreibungsmethoden unterscheidet man in das:

- **Arithmetisch-degressive Verfahren** und das
- **Geometrisch-degressive Verfahren**

Arithmetisch-degressive Abschreibung

Abschreibungsbasis = $\frac{Anschaffungskosten}{Wiederbeschaffungskosten}$

Degressionsbetrag = $\frac{Abschreibungsbasis}{Nutzungsdauer}$

Um nun von diesem Degressionsbetrag zu den jährlichen Abschreibungen zu gelangen, muss der Degressionsbetrag mit der Anzahl der Nutzungsjahre zu Beginn des jeweiligen Nutzungsjahres multipliziert werden. Dies geschieht hier im zweiten Schritt: (Deimel, Isemann, & Müller, 2006)

$\text{Jährlicher Abschreibungsbetrag} = \text{Degressionsbetrag} * \text{Restnutzungsdauer}$[7]

---

[5] AfA bedeutet „Absetzung für Abnutzung“. Wird oft auch als Abschreibungstabelle bezeichnet und regelmäßig vom Bundesfinanzministerium herausgegeben.

[6] Hier ist der jährliche Abschreibungsbetrag gemeint.

[7] Restnutzungsdauer am Beginn der Abrechnungsmethode.

Geometrisch-degressives Verfahren

SCHRITT EINS

$$\text{Abschreibungsprozentsatz} = 100 * \left(1 - n\sqrt{\frac{Restwert}{Abschreibungsbasis}}\right)$$

n = Nutzungsdauer

SCHRITT ZWEI

Abschreibungsbasis = Restbuchwert[8] * Abschreibungsprozentsatz

Leistungsabschreibung

$$\text{Abschreibung}^{9} = \frac{Abschreibungsbasis}{Gesamte\ Leistungseinheiten} * Jährl. Leistungseinheiten$$

SOFORTABSCHREIBUNG: gilt nur noch für GWG bis 150 EUR. Eine Abschreibung ist sofort möglich.

POOLABSCHREIBUNG: GWG über 150 bis 1.000 EUR müssen im Jahr zu einem Pool zusammengefasst werden und über 5 Jahre abgeschrieben werden.

[8] Hier ist der Restbuchwert am Ende der Vorperiode gemeint.

[9] Hiermit ist der jährliche Abschreibungsbetrag gemeint.

Niederstwertprinzip[10]

Anschaffungskosten > Tageswert ➲ Bewertung zum Tageswert

Anschaffungskosten < Tageswert ➲ Bewertung zu Anschaffungskosten

Die Anschaffungskosten bilden immer die Obergrenze

Höchstwertprinzip

Die Anschaffungs- und Herstellungskosten sind die Obergrenze und dürfen nicht überschritten werden. Noch nicht getätigte Gewinne dürfen nicht ausgewiesen werden, Schulden sind mit ihrem Höchstwert auszuweisen.

Verbrauchsfolgebewertung

Fifo (first in – first out) ➲ Die zuerst beschafften Güter werden zuerst veräußert.

Lifo (last in – first out) ➲ Die zuletzt beschafften Güter werden zuerst veräußert.

Bewertungen von Forderungen

Einwandfreie Forderungen sind mit dem Nennbetrag anzusetzen.
Zweifelhafte Forderungen sind mit dem wahrscheinlichen Wert anzusetzen.
Uneinbringliche Forderungen sind voll abzuschreiben.

Einzelwertberichtigung → besonderes Ausfallrisiko erfassen

Pauschalwertberichtigung[11] → allgemeines Ausfallrisiko erfassen

---

[10] Man spricht hierbei auch vom „strengen Niederstwertptinzip)

[11] Hier wird das allgemeine Ausfallrisiko bei einwandfreien Forderungen berücksichtigt. Zum Bilanzstichtag ist die Pauschalwertberichtigung jeweils dem neuen Forderungsstand anzupassen.

Rückstellungen

sind Verbindlichkeiten für Aufwendungen, die am Abschlusstag feststehen, aber noch nicht in welcher Höhe und/oder zu welcher Fälligkeit. Rückstellungen befinden sich auf der Passivseite der Bilanz. Sie verringern den Gewinn. Es handelt sich also um einen Aufwand des Unternehmens.

Verbindlichkeiten

Verbindlichkeiten müssen in der Bilanz zum Höchstwert passiviert werden.[12]

GuV[13]

Die GuV wird wie folgt, gegliedert:

	Umsatzerlöse
+/-	Bestandsverlängerung
+	Eigenleistung
=	**Gesamtleistung**
+	sonstige Erträge
-	Materialaufwand
=	**Rohergebnis**
-	Personalaufwand
-	Abschreibungen
-	sonstige betriebliche Aufwendungen
+	Zinserträge
-	Zinsaufwendungen
=	**Ergebnis der gewöhnlichen Geschäftstätigkeit**
+/-	außerordentliche Erträge oder Aufwendungen (+ für Erträge und - für Aufwendunge
=	**Ergebnis vor Steuer**
-	Steuern von Einkommen und Ertrag
=	**Jahresüberschuss oder Jahresfehlbetrag**

[12] Das Höchst- und Niederstwertprinzip hierbei sind der Ausdruck kaufmännischer Vorsicht.

[13] Gewinn-und-Verlust-Rechnung

Schlussbilanz

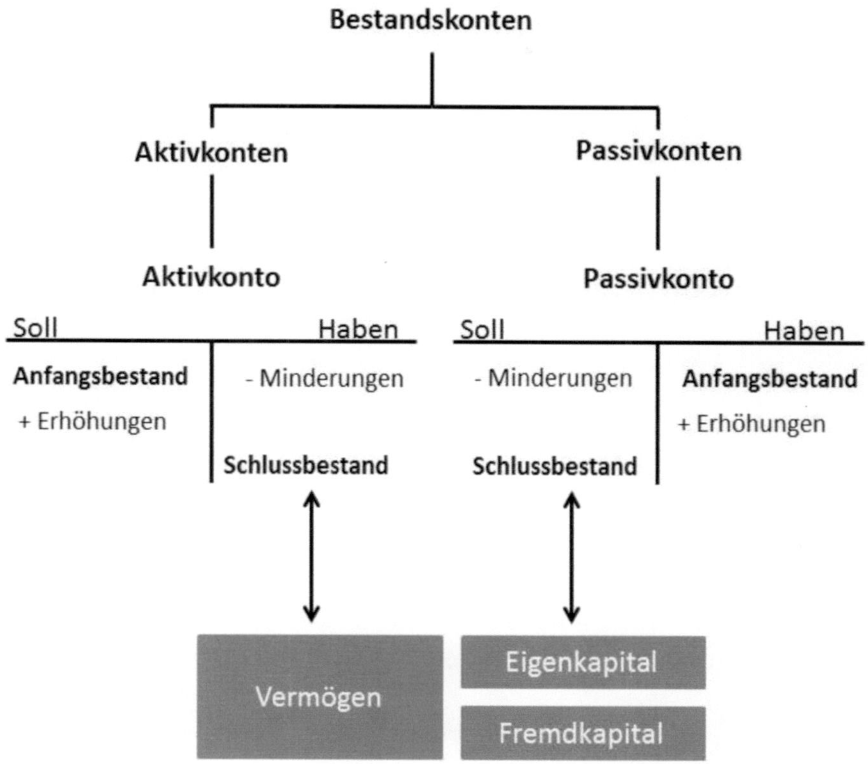

Die Finanzbuchhaltung ist unternehmensbezogen mit Abschluss. Man spricht hierbei vom **GESAMTERGEBNIS!**

Die KLR ist betriebsbezogen mit Abschluss. Man spricht hierbei vom **BETRIEBSERGEBNIS!**

2.2. Bilanzanalyse

Die folgenden Formeln gehören zur Bilanzanalyse und werden oft auch als Rentabilitätskennzahlen bezeichnet, weil man hierbei aus der Bilanz ableiten kann ob ein Unternehmen rentabel ist oder nicht.

Die Eigenkapitalrentabilität zeigt an wie sehr sich das Eigenkapital in einem Unternehmen rentiert.

$$\textbf{Eigenkapitalrentabilität} = \frac{\text{Gewinn} \times 100}{\text{Eigenkapital}}$$

Das Ergebnis ist eine Prozent-Zahl!

$$\textbf{Gesamtkapitalrentabilität} = \frac{\text{Gewinn} + \text{Fremdkapitalzinsen} \times 100}{\text{Gesamtkapital}}$$

Das Ergebnis ist eine Prozent-Zahl!

$$\textbf{Umsatzrentabilität} = \frac{\text{Gewinn} \times 100}{\text{Umsatz}}$$

Das Ergebnis ist eine Prozent-Zahl!

Eigenkapitalquote

Eigenkapitalquote = $\frac{Eigenkapital}{Gesamtkapital} * 100$

Das Ergebnis ist eine Prozent-Zahl!

Fremdkapitalquote[14]

Fremdkapitalquote = $\frac{Fremdkapital}{Gesamtkapital} * 100$

Das Ergebnis ist eine Prozent-Zahl!

Selbstfinanzierungsgrad

Selbstfinanzierungsgrad = $\frac{Rücklagen}{Gesamtkapital} * 100$

Das Ergebnis ist eine Prozent-Zahl!

Verschuldungsgrad

Verschuldungsgrad = $\frac{Fremdkapital}{Eigenkapital} * 100$

Das Ergebnis ist eine Prozent-Zahl!

Kapitalumschlag

Kapitalumschlag = $\frac{Umsatzerlöse}{Gesamtkapital} * 100$

Das Ergebnis ist eine Prozent-Zahl!

---

[14] wird oft auch als „Anspannungsgrad" bezeichnet.

Vermögensentwicklung

Vermögensentwicklung = $\frac{Vermögensanteil}{Umsatz} * 100$

Das Ergebnis ist eine Prozent-Zahl!

Rücklagenquote

Rücklagenquote = $\frac{Rücklagen}{Eigenkapital} * 100$

Das Ergebnis ist eine Prozent-Zahl!

Anlagenabnutzungsgrad[15]

errechnet sich:

$$\frac{Abschreibungen\ auf\ das\ Sachanlagevermögen}{Sachanlagevermögen\ zu\ Anschaffungskosten} * 100$$

Das Ergebnis ist eine Prozent-Zahl!

Investitionsgrad

$$\text{Investitionsgrad} = \frac{Cash\ Flow\ aus\ Investitionstätigkeit}{Cash\ Flow\ aus\ laufender\ Geschäftstätigkeit}$$

Das Ergebnis ist eine Prozent-Zahl!

Dynamischer Verschuldungsgrad

$$\text{Dyn. Verschuldungsgrad} = \frac{Netto-Finanzschulden}{Cash\ Flow\ aus\ laufender\ Geschäftstätigkeit}$$

Das Ergebnis ist eine Prozent-Zahl!

Leverage-Effekt

Effekt, der auftritt, wenn der Zinssatz für Fremdkapital unter der Investitions-rendite liegt.

Gesamtkapitalrentabilität > Zinssatz für Fremdkapital

[15] Hierbei handelt es sich um eine Kennzahl zur Beurteilung der Altersstruktur des Anlagevermögens.

Umlaufintensität

Umlaufintensität = $\frac{Umlaufvermögen}{Bilanzsumme}$

Das Ergebnis ist eine Zahl!

Vorratsquote

Vorratsquote = $\frac{Vorräte}{Bilanzsumme} * 100$

Das Ergebnis ist eine Prozent-Zahl!

Hinweis: Zu den Vorräten zählen Rohstoffe, Betriebsstoffe, Hilfsstoffe, Waren, Kaufteile, Fertig- und Unfertigprodukte. (Zingel, 2007)

Zahlungsmittelquote

Zahlungsmittelquote = $\frac{Liquide\ Mittel}{Bilanzsumme}$

Das Ergebnis ist eine Prozent-Zahl!

Forderungsquote[16]

Forderungsquote = $\frac{Forderungen}{Bilanzsumme}$

Das Ergebnis ist eine Prozent-Zahl!

---

[16] Meistens werden bei den „Forderungen“ nur Forderungen aus Lieferungen und Leistungen berücksichtigt. Mit dieser Kennzahl kann also die Zahlungsmoral der Kunden des Unternehmens gemessen werden.

Anlagenintensität

$$\text{Anlagenintensität} = \frac{Anlagevermögen}{Gesamtvermögen} * 100$$

Das Ergebnis ist eine Prozent-Zahl!

Vermögensstruktur

$$\text{Vermögensstruktur}^{17} = \frac{Anlagevermögen}{Umlaufvermögen} * 100$$

Das Ergebnis ist eine Prozent-Zahl!

Forderungsumschlag

$$\text{Forderungsumschlag}^{18} = \frac{Umsatz}{\emptyset\ Forderungen}$$

Das Ergebnis ist eine Zahl!

Durchschnittliches Kundenziel[19]

$$\text{Durchschnittliches Kundenziel} = \frac{360}{Forderungsumschlag}$$

Das Ergebnis ist eine Zahl!

---

17 Hierbei spricht man auch oft von der „Vermögenskonstitution“.

18 Mit dieser Formel kann die durchschnittliche Forderungshöhe ermittelt werden.

19 Mit dieser Formel kann das durchschnittliche Kundenzahlungsziel ermittelt werden.

Vorratsintensität

$$\text{Vorratsintensität} = \frac{Vorräte}{Umlaufvermögen} * 100$$

Das Ergebnis ist eine Prozent-Zahl!

Sachanlagen-Bindung

$$\text{Sachanlagen-Bindung} = \frac{Sachanlagevermögen}{Umsatzerlöse} * 100$$

Das Ergebnis ist eine Prozent-Zahl!

Anlagennutzung

$$\text{Anlagennutzung} = \frac{Umsatz}{Sachanlagevermögen} * 100$$

Das Ergebnis ist eine Prozent-Zahl!

Vorratshaltung

$$\text{Vorratshaltung} = \frac{Vorräte}{Umsatz} * 100$$

Das Ergebnis ist eine Prozent-Zahl!

Investitionsquote

Investitionsquote[20] $= \frac{Nettoinvestitionen\ in\ das\ Sachanlagevermögen}{Anschaffungskosten\ des\ Sachanlagevermögens} * 100$

Das Ergebnis ist eine Prozent-Zahl!

[20] Die Quote ist eine jährliche Zeitreihe um die Entwicklung der Investitionstätigkeit darzustellen.

Investitionsdeckung

$$\text{Investitionsdeckung}^{21} = \frac{Abschreibungen\ auf\ Sachanlagen * 100}{Zugänge\ an\ Sachanlagen}$$

Das Ergebnis ist eine Prozent-Zahl!

Abschreibungsquote

$$\text{Abschreibungsquote} = \frac{Abschreibung\ auf\ Sachanlagen * 100}{Endbestand\ an\ Sachanlagen}$$

Das Ergebnis ist eine Prozent-Zahl!

[21] Mit der Investitionsdeckung wird offen gelegt, ob ein wirkliches Wachstum des Unternehmens vorhanden ist. Die Kennzahl zeigt, ob und in welchem Umfang Anlagenzugänge aus Abschreibungen finanziert werden.

Der ROI (Return on Investment) ist eine Formel zur Messung der Rentabilität des eigesetzten Kapitals.

$$\text{ROI} = \frac{Gewinn}{Umsatz} * \frac{Umsatz}{Gesamtkapital\ (investiertes\ Kapital)} * 100$$

ROI = Umsatzrendite * Kapitalumschlag

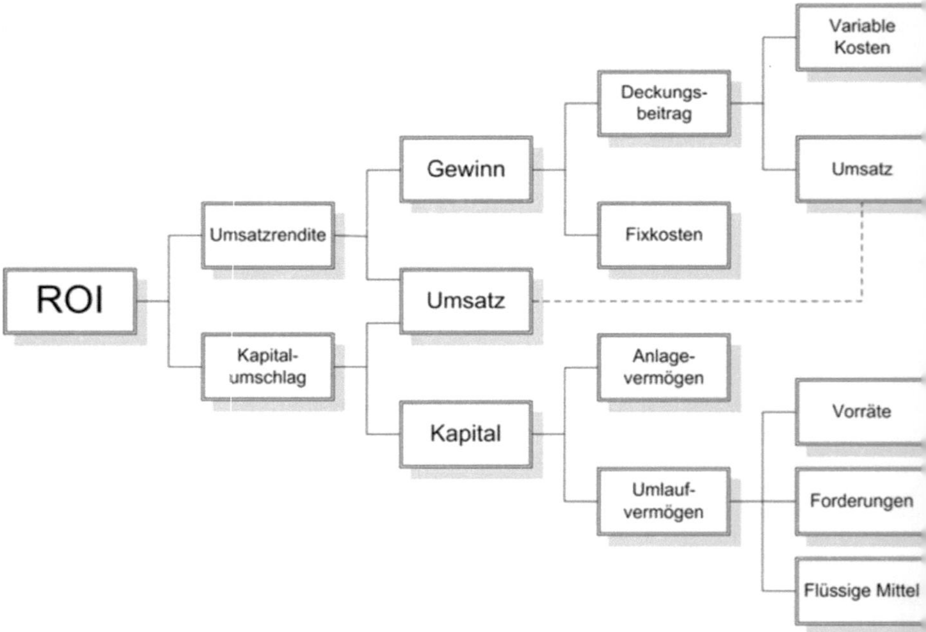

Liquiditätsgrade

Liquide Mittel = Zahlungsmittel (z. B. Kasse, Bankguthaben, Schecks usw.)

Es gibt drei Liquiditätsgrade in der Bilanzanalyse, diese sind:

Liquidität 1. Grades[22] $= \frac{Zahlungsmittel * 100}{kurzfristiges\ Fremdkapital}$

Das Ergebnis ist eine Prozent-Zahl!

Liquidität 2. Grades[23] $= \frac{(Zahlungsmittel + kurzfristige\ Forderungen) * 100}{kurzfristiges\ Fremdkapital}$

Das Ergebnis ist eine Prozent-Zahl!

Liquidität 3. Grades[24] $= \frac{(Zahlungsm. + kurzfr. Forderungen + Vorräte) * 100}{kurzfristiges\ Fremdkapital}$

Das Ergebnis ist eine Prozent-Zahl!

---

[22] wird auch als „Cash Ratio“ oder „Barliquidität“ bezeichnet.

[23] wird auch als „Acid Test Ratio“ oder „Quick Ratio“ bezeichnet.

[24] wird auch als „Current Ratio“ oder „Umsatzliquidität“ bezeichnet.

EBT, EBIT, EBITA, EBITDA, EBITDASO Der EBIT
(Earnings before Interest and Taxes)
ist das operative Ergebnis vor Fremdkapitalzinsen und Steuern.

Das Ergebnis ist ein Geldwert !

EBIT = Gewinn + Steuer + Fremdkapitalzinsen

Der EBITDA (Earning before Interest, Taxes, Depreciation and Amortization)
EBITDA = Gewinn + Steuer + Fremdkapitalzinsen + Abschreibungen

Das Ergebnis ist ein Geldwert !

Hinweis: Der EBIT und der EBITDA sind meistens die wichtigsten Werte. Alle anderen können Sie der folgenden Struktur entnehmen:

Jahresüberschuss
+ Ertragssteuern
= EBT (earnings before taxes)
+ Zinsaufwand
- Beteiligungen und Zinserträge
± außerordentliche Positionen
= EBIT (earnings before interest and taxes)
+ Amortisation auf immaterielle Anlagen
= EBITA (Ebit before amortization)
+ Abschreibungen auf Sachanlagen
= EBITDA
+ Stock-Optionen (Aufwendungen für Mitarbeiterbeteiligung)
= EBITDASO (EBITDA before stock options)

Goldene Bilanzregel

$$\frac{Eigenkapital + langfristiges\ Fremdkapital}{Anlagevermögen} \geq 1$$

Goldene Finanzierungsregeln

$$\frac{\text{kurzfristiges Vermögen}}{\text{kurzfristiges Kapital}} \geq 1$$

$$\frac{\text{langfristiges Vermögen}}{\text{langfristiges Kapital}} \leq 1$$

Das Ergebnis ist eine Zahl!

Working Capital[25]

Working Capital = Umlaufvermögen – kurzfristige Verbindlichkeiten[26]

Das Ergebnis ist ein Geldwert !

Working Capital Ratio[27] = $\frac{Umlaufvermögen * 100}{kurzfristige\ Verbindlichkeiten}$

[25] Das Working Capital ist die Differenz von Umlaufvermögen und kurzfristigen Verbindlichkeiten.

[26] Der Working Capital sollte ein positiver Wert sein.

[27] Der Working Capital Ratio sollte größer als 100% sein.

Cash Flow

Jahresüberschuss (=Gewinn)
+ alle nicht auszahlungswirksame Aufwendungen (z. B. Abschreibungen)
- alle nicht einzahlungswirksame Erträge (z. B. eine aufgelöste Rückstellung)[28]
= Endbestand an Bar- und Buchgeld (Cashflow)

Umsatz-Cashflow-Rate = $\frac{Cashflow*100}{Umsatzerlöse}$

Das Ergebnis ist eine Prozent-Zahl!

Nettoinvestitionsdeckung = $\frac{Cashflow*100}{Nettoinvestition\ des\ Sachanlagevermögens}$

Das Ergebnis ist eine Prozent-Zahl!

Entschuldungsgrad = $\frac{Cashflow*100}{Effektive\ Verschuldung}$

Das Ergebnis ist eine Prozent-Zahl!

[28] Nicht aus-/einzahlungswirksam, bedeutet dass alle Zahlungen nur auf dem Papier passieren. Das heißt, es fließt kein echtes Geld.

Cash Flow-Statement

Cash Flow aus laufender Geschäftstätigkeit

	Umsatzerlöse / Einnahmen von Kunden
-	Auszahlungen an Lieferanten und Beschäftigte
+	Sonstige Einzahlungen die nicht der Investitions- oder Finanzierungstätigkeit zuzuordnen sind
-	Sonstige Auszahlungen die nicht der Investitions- oder Finanzierungstätigkeit zuzuordnen sind
+ / -	Ein- und Auszahlungen aus außerordentlichen Posten
=	**Cash Flow aus laufender Geschäftstätigkeit**

Cash Flow aus Investitionstätigkeit

Einzahlungen aus Abgängen des Sachanlagevermögens
- \+ Einzahlungen aus Abgängen von immateriellen Anlagevermögen
- \- Auszahlungen für Investitionen in das Sachanlagevermögen
- \- Auszahlungen für Investitionen in das immaterielle Anlagevermögen
- \+ Einzahlungen aus Abgängen von Gegenständen des Finanzanlagevermögens
- \- Auszahlungen für Investitionen in das Finanzanlagevermögen
- \+ Einzahlungen aus dem Verkauf von Geschäftseinheiten oder besessenen Unternehmen
- \- Auszahlungen für den Kauf von Geschäftseinheiten oder Unternehmen
- \+ Einzahlungen aufgrund von Finanzmittelanlagen im Rahmen der Finanzdisposition
- \- Auszahlungen aufgrund von Finanzmittelanlagen im Rahmen der Finanzdisposition

---

= **Cash Flow aus Investitionstätigkeit**

Cash Flow aus Finanzierungstätigkeit

Einzahlungen aus Eigenkapitalzuführungen
- Auszahlungen an Unternehmenseigner und Minderheitsgesellschafter
+ Einzahlungen aus ausgegebene Anleihen und Kreditaufnahmen
- Auszahlungen aus der Tilgung von Anleihen und Krediten

= **Cash Flow aus Finanzierungstätigkeit**

Hinweis: Zu den Einzahlungen aus Eigenkapitalzuführungen gehören z. B. Kapitalerhöhungen, Verkauf eigener Anteile usw.
Auszahlungen an Unternehmenseigner und Minderheitsgesellschafter können Dividenden, Eigenkapitalrückzahlungen und andere Ausschüttungen sein. (Peemöller, 2001)

Kennzahlen für Investoren

Wenn man die Rentabilität eines Unternehmens aus der Sicht eines Kapitalanlegers betrachtet, dann kommt man zur der Sichtweise eines Investors.

Gewinn je Aktie

Gewinn je Aktie = $\frac{Gewinn * Nennwert}{Grundkapital}$

Wenn nur eine Aktiengattung besteht, kann man auch folgende Formel anwenden:

Gewinn je Aktie = $\frac{Gewinn}{Zahl\ der\ Aktien}$

Kurs-Gewinn-Verhältnis (KGV)

KGV = $\frac{Aktienkurs}{Gewinn\ je\ Aktie}$

Kurs-Cashflow-Verhältnis (KCV)

KCV = $\frac{Aktienkurs}{Cashflow}$

Umsatz je Aktie

Umsatz je Aktie = $\frac{Umsatzerlöse}{Zahl\ der\ Aktien}$

Aus dem Umsatz je Aktie kann auch das Kurs-Umsatz-Verhältnis errechnet werden. Siehe Formel auf der nächsten Seite!

Kurs-Umsatz-Verhältnis (KUV)

$$KUV = \frac{Aktienkurs}{Umsatz\ je\ Aktie}$$

Kurs-Buchwert-Verhältnis (KBV)

$$KBV = \frac{AKtienkurs}{Aktienbuchwert}$$

2.3. Steuerpolitik

Steuereinteilung

Steuer: sind im §AO3 (Abgabenordnung) geregelt und sind Geldleistungen, denen keine besondere Gegenleistung gegenübersteht.

Berechnung der Umsatzsteuer

Um den Nettopreis aus einem Bruttopreis zu berechnen:

$$\text{Nettobetrag} = \frac{Bruttobetrag}{1{,}19}$$

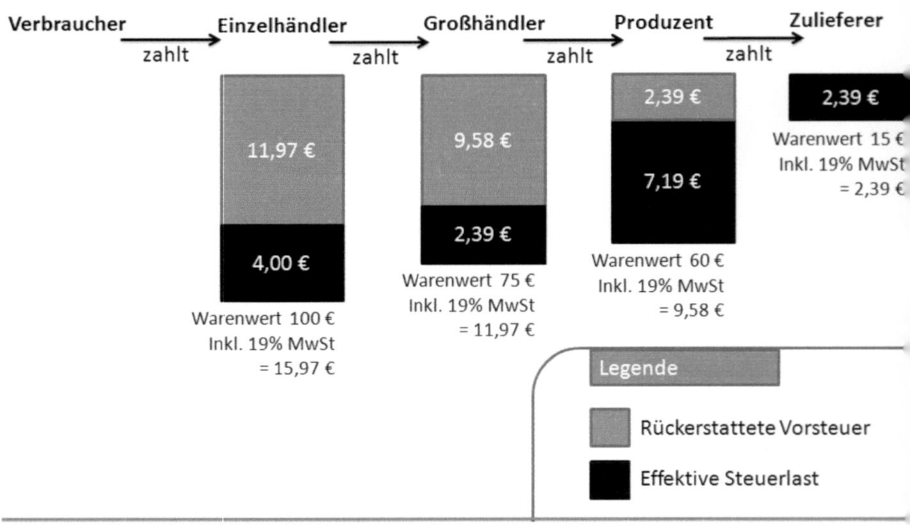

Bei einem Umsatzsteuersatz von 7% nehmen Sie bitte den Faktor 1,07

Gewerbesteuer

Bei der Gewerbesteuer wird der Gewerbeertrag berechnet.

Gewinn des Unternehmens

\+ HINZURECHNUNGEN

→ 25 % der in § 8 GewStG Nr. 1 aufgeführten und Gewinn mindernd erfassten Tatbestände, wenn sie zusammen den Freibetrag von 100.000 EUR überschreiten

Hierzu gehören

→ Entgelte für Schulden (auch Zinsen)

→ Gewinnanteile des stillen Gesellschafters

→ 20 % der Miet- und Pachtzinsen für bewegliche Güter des Anlagevermögens

→ 50 % der Miet- und Pachtzinsen für unbewegliche Güter des Anlagevermögens

→ Anteile am Verlust einer Personengesellschaft nach § 8 GewStG Nr. 8

\- KÜRZUNGEN

→ 1,2 % vom Einheitswert des zum Betriebsvermögen gehörenden Grundbesitzes

→ Gewinnanteile an Personengesellschaften

→ 25 % der Zuwendungen (Spenden) für steuerbegünstigte Zwecke

---

= **Ermittelter Gewerbeertrag** (auf volle 100 EUR abzurunden)

\- Freibetrag von 24.500 EUR
(bei natürlichen Personen und Personengesellschaften wie GbR, OhG usw.)

x 3,5 % (Steuermesszahl)

= **Steuermessbetrag**

X Hebesatz (§ 16 GewStG)

Das Ergebnis (Der Steuermessbetrag) wird von der jeweiligen Gemeinde dazu verwendet, um dann mit Hilfe des Hebesatzes die Gewerbesteuer zu ermitteln.

Körperschaftssteuer

Dieses Steuer ist eine Steuer auf das Einkommen juristischer Personen (Kapitalgesellschaften) und beträgt aktuell 15%. Zusätzlich werden davon 5,5% Solidaritätszuschlag erhoben.

	Gewinn des Unternehmens / Jahresüberschuss laut Bilanz
+/-	Korrekturen (z. B. bei abweichender Bewertung des Anlage- und Umlaufsvermögens)
+	verdeckte Gewinnausschüttungen (z. B. überhöhtes Gehalt bei Besitzern)
-	verdeckte Einlagen (z. B. Gehaltsverzicht der besitzenden Geschäftsführer)
+	nicht abziehbare Aufwendungen (z. B. Steuern von Einkommen, Geldstrafen)
+	Gesamtbetrag der Zuwendungen
+/-	Hinzurechnungen oder Kürzungen durch Beteiligungen an anderen Kapitalgesellschaft
-	steuerfreie Einnahmen (z. B. Investitionszulagen)
+	Gewinnzuschläge
-	Investitionsabzugsbeträge
=	**Steuerlicher Gewinn, bzw. Einkommen für die Berechnung des Spendenabzugs**
-	abzugsfähige Zuwendungen
=	**Gesamtbetrag der Einkünfte**
-	Verlustabzug
=	**Einkommen**
-	Freibeträge für bestimmte Körperschaften
=	**zu versteuerndes Einkommen**

Latente Steuern

Latente Steuern („deferred tax“) sind grundsätzlich für alle am Bilanzstichtag auftretenden Differenzen zu bilden, die aus unterschiedlichen Wertansätzen in der Handels- und Steuerbilanz resultieren und die zukünftig steuerbe- oder entlastend wirken, also zu einer Verminderung oder Erhöhung des zu versteuernden Einkommens/Gewinns führen.

- ➲ Aktive latente Steuern sollen zukünftige Steuervorteile abbilden!
- ➲ Passiv latente Steuern sollen zukünftige Steuerarten abbilden!

Einkommenssteuer

Einkünfte aus Land- und Forstwirtschaft
Einkünfte aus Gewerbebetrieb
Einkünfte aus selbstständiger Arbeit
Einkünfte aus nicht selbstständiger Arbeit
Einkünfte aus Kapitalvermögen
Einkünfte aus Vermietung und Verpachtung
Sonstige Einkünfte

= **Summe der Einkünfte**
- Altersentlastungsbetrag (ab 65 Jahre)
- Entlastungsbetrag für Alleinerziehende
- Freibetrag für Land- und Forstwirtschaft

= Gesamtbetrag der Einkünfte
- Verlustabzug
- Sonderausgaben
- außergewöhnliche Belastungen

= Einkommen
- Freibetrag (z. B. Kinderfreibetrag)

= **zu besteuerndes Einkommen (Bemessungsgrundlage für die Einkommenssteuer)**

Steuerpflicht

Die Steuerpflicht richtet sich im Regelfall nach Wohnsitz oder gewöhnlichem Aufenthalt.

Beschränkt steuerpflichtig = alle Personen, die inländisches Einkommen erzielt haben und weder deren Wohnsitz noch gewöhnlicher Aufenthalt im Inland ist.

Unbeschränkt steuerpflichtig = alle natürliche Personen, die einen Wohnsitz im Inland haben oder sich im Inland aufhalten; die Steuerpflicht erstreckt sich auf das Welteinkommen, also alle im Inland und Ausland erzielten Einkünfte werden zur Einkommensteuer herangezogen.

3. Finanzwirtschaftliche Steuerung des Unternehmens

3.1. Finanzierungsarten

Rechtsstellung		Außenfinanzierung	Innenfinanzierung
1.)	**Eigenfinanzierung**	Beteiligungsfinanzierung (in Form von Kapitaleinlagen)	Selbstfinanzierung (offen oder verdeckt)
2.)	**Fremdfinanzierung**	Kredit, Leasing, Factoring, Subventionen	Finanzierung aus Rückstellungen

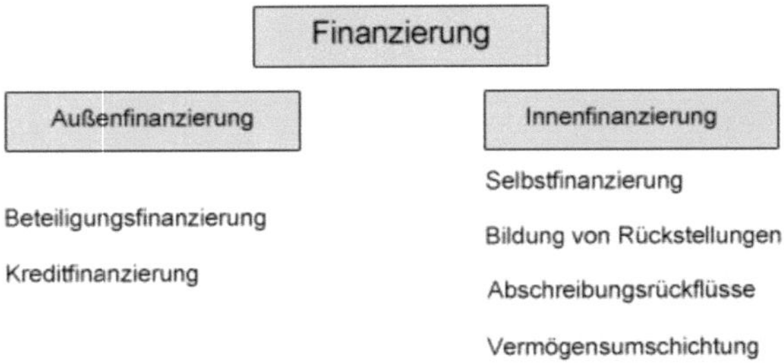

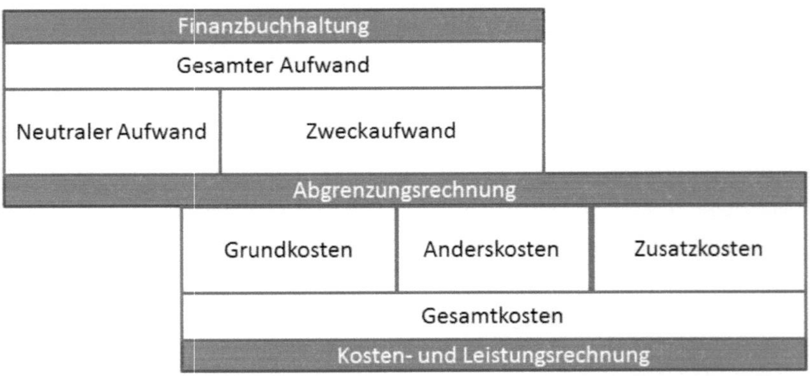

Neutrales Ergebnis = Erträge aus Mieten, Geldanlagen, Beteiligungen

Betriebsergebnis = Leistungen - Kosten

Finanzierungsregeln

Finanzierungsregeln sind die Mindestanforderungen an die aus der Bilanz ersichtliche Kapitalstruktur des Unternehmens. Diese Finanzierungsregeln haben folgende Aufgaben:

- Wichtige Entscheidungsgrundlage bei der Kreditwürdigkeitsprüfung für die Kreditgewährung der Banken
- Prüfung der Finanzierungsmöglichkeiten für verschiedene Investitionen
- Betriebsvergleiche innerhalb einer Branche oder ganze Branchenvergleiche

Vertikale Finanzierungsregeln

Hierbei wird das Eigenkapital dem Fremdkapital gegenüber gestellt. Es wird also eine Aussage über das Verhältnis der Finanzierungsstruktur (Passivseite der Bilanz) gegeben. Diese Finanzierungsregeln werden oft von den Banken zur Prüfung der Kreditwürdigkeit verwendet.

Siehe hierfür auch: **Kapitalstrukturregeln** wie z. B. Eins zu Eins-Regel; Zwei zu Eins-Regel und Drei zu Eins-Regel.

Horizontale Finanzierungsregeln

Hier wird die Aktiv- und die Passivseite betrachtet. Es werden Verhältniszahlen gebildet, die aussagen in welcher Form die Vermögenswerte finanziert werden.
Es handelt sich hierbei um eine Betrachtung der Kapitalvermögensstruktur.

Siehe hierfür auch: Goldene Finanzierungsregel und Anlagendeckungsgrade.

Kostenarten

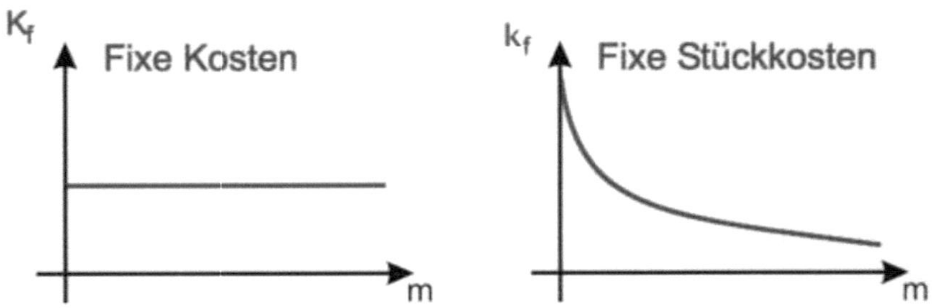

Fixe Kosten sind vom Auslastungsgrad unabhängig. D.h. egal wie viel produziert wird, die fixen Kosten bleiben gleich. Beispiele hierfür sind Gehälter, Mieten, Zinsen oder Abschreibungen. Bei den fixen Stückkosten, wie viel fixe Kosten ein produziertes Stück durchschnittlich trägt.

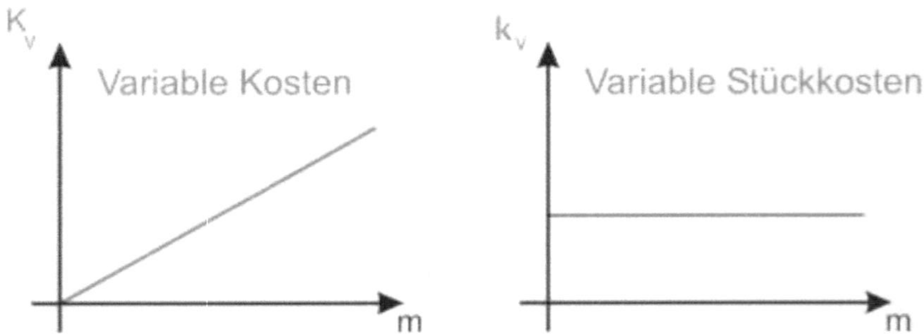

Variable Kosten sind abhängig vom Auslastungsgrad. Beispielsweise können dies Rohstoffkosten sein. Je mehr produziert wird, desto mehr Rohstoffe müssen eingesetzt werden.

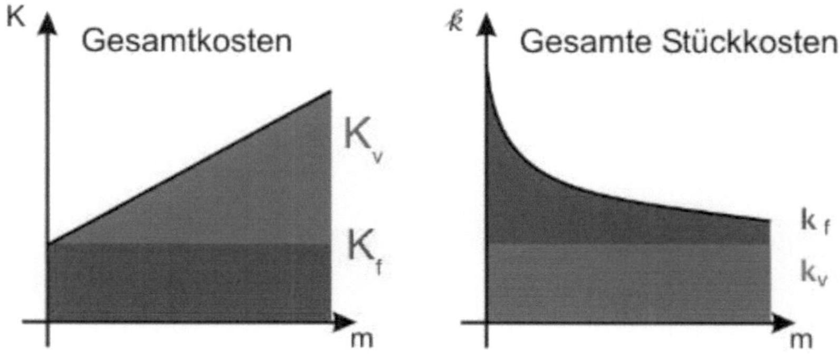

Addiert man die variablen und die fixen Kosten (Kv + Kf) so erhält man die Gesamtkosten. Die gesamten Stückkosten lassen sich ebenfalls durch Addition beider Kostenarten ermitteln (kv + kf).

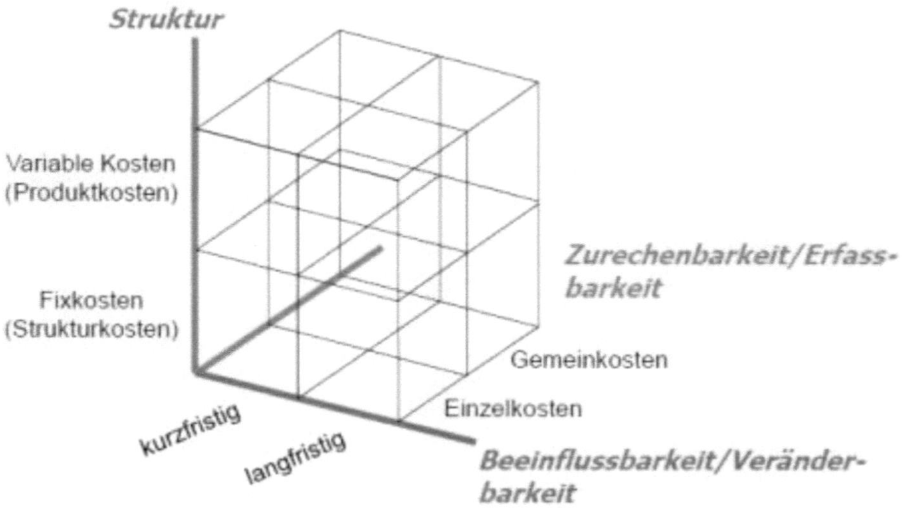

Factoring

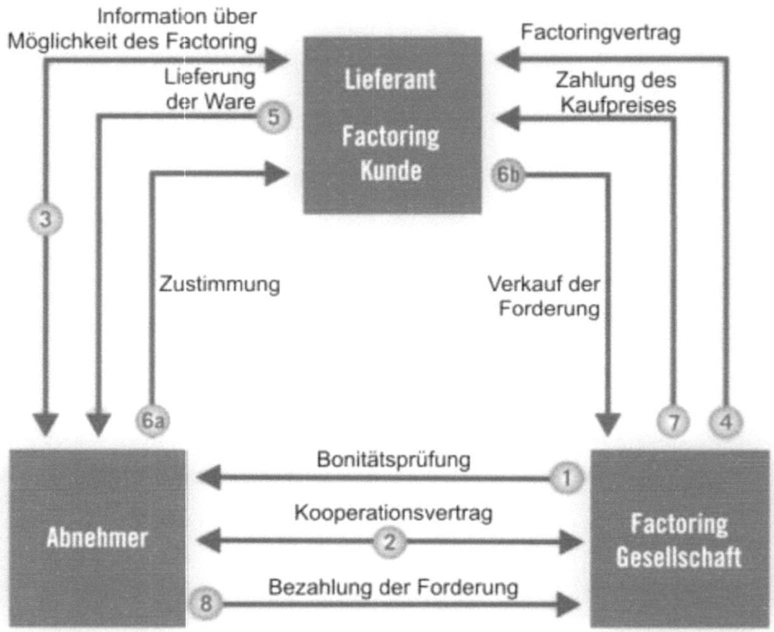

Formen des Factorings:

1) Offenes Factoring: Abnehmer wird über den Verkauf informiert und muss die Zahlung an den Factor entrichten.

2) Halboffenes Factoring: Abnehmer wird über die Zusammenarbeit mit dem Factor informiert und kann wahlweise an den Factor oder den Klient zahlen.

3) Stilles Factoring: Forderungsabtretung wir nicht offen gelegt.

Rentabilitätsrechnung[29]

$$Rentabilität = \frac{\emptyset\ Gewinn\ vor\ Zinsen}{\emptyset\ Kapitaleinsatz} * 100$$

Das Ergebnis ist eine Prozent-Zahl!

Den durchschnittlichen Kapitaleinsatz ermittelt man mit der folgenden Formel

$$\emptyset\ Kapitaleinsatz = \frac{Anschaffungskosten + Liquidationserlös}{2}$$

Einstufige Divisionskalkulation

$$\text{Kosten pro Mengeneinheit} = \frac{Gesamtkosten\ (€\ in\ einer\ Periode)}{Mengeneinheit\ in\ einer\ Periode}$$

Mehrstufige Divisionskalkulation

$$\text{Kosten pro Mengeneinheit} = \frac{Herstellkosten}{Produktionsmenge} + \frac{Verwaltungs\text{-}und\ Vertriebskosten}{Absatzmenge}$$

[29] Siehe auch ROI

Äquivalenzziffernkalkulation

Recheneinheiten[30] = Mengeneinheit * Äquivalenzziffer

Kosten je Recheneinheit = $\frac{Gesamtkosten}{Anzahl\ der\ Recheneinheiten}$

Selbstkosten[31] = Kosten je Recheneinheiten * Äquivalenzziffer

Gesamt-Selbstkosten = Selbstkosten * Menge

---

[30] Mit Recheneinheiten können z. B. Stück, kg usw. gemeint sein.

[31] Die Selbstkosten sind die Kosten je Mengeneinheit.

Deckungsbeitragsrechnung

Bei der Deckungsbeitragsrechnung wird unterschieden in den Stückdeckungsbeitrag (**db**) und den Gesamtdeckungsbeitrag (**DB**).

Stückdeckungsbeitrag:

db = Verkaufspreis – variable Kosten

Gesamtdeckungsbeitrag:

DB = db * Absatzmenge

Relativer Deckungsbeitrag

rDB = $\frac{\text{Deckungsbeitrag}}{\text{Zeiteinheit}}$

Alle Ergebnisse hier sind finanzielle Werte!

Mehrstufige Deckungsbeitragsrechnung

Anhand des Aufbaus werden hier die verschiedenen Typen der Deckungsbeiträge dargestellt.

Umsatzerlöse

- Variable Kosten

= Deckungsbeitrag 1 (DB I – der Rohertrag)

- Erzeugnisfixe Kosten

= Deckungsbeitrag 2 (DB II – die Wertschöpfung)

- Erzeugnisgruppenfixe Kosten

= Deckungsbeitrag 3 (DB III)

- Unternehmensfixe Kosten

= Betriebsgewinn

Alle Ergebnisse hier sind finanzielle Werte!

Break Even Point

Die Frage nach dem Break-even-Point lautet:

- Bei welcher Menge
- welchen Einnahmen oder
- welchem Beschäftigungsgrad

ist der Gewinn gleich 0? Bei 0 ist der Break Even Point erreicht.

Bei der Menge bzw. Stückzahl lautet die Formel (kritische Menge)

$$\frac{Fixkosten}{Stückdeckungsbeitrag}$$

Bei den Einnahmen bzw. Erlöse lautet die Formel (kritischer Erlös)

$$\frac{Fixkosten}{Gesamtdeckungsbeitrag} * Erlöse$$

Bei dem Beschäftigungsgrad lautet die Formel (kritischer Beschäftigungsgrad)

$$\frac{Fixkosten}{Gesamtdeckungsbeitrag} * 100$$

Das Ergebnis ist eine Prozent-Zahl!

Break-even-Analyse

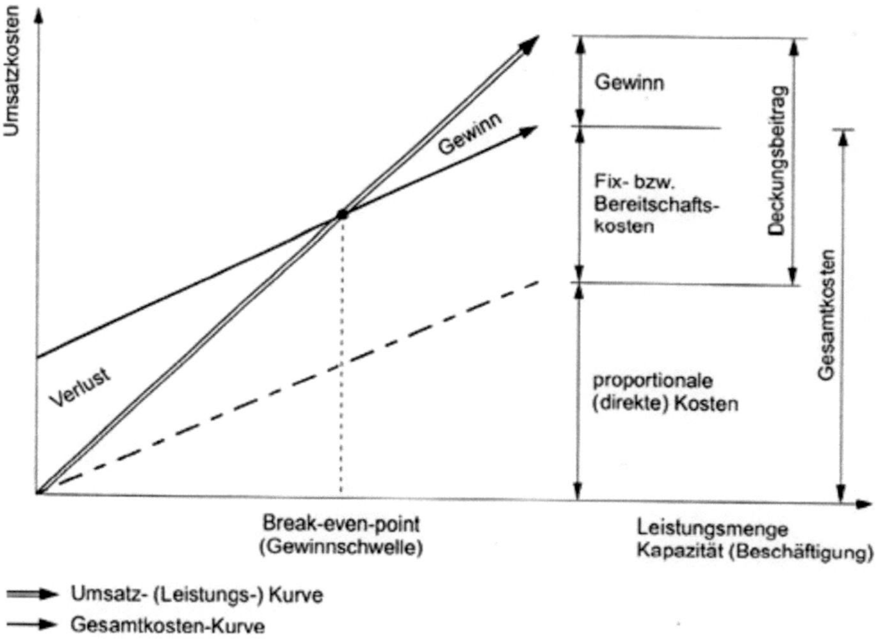

Kapitalbedarfsermittlung

Der Kapitalbedarf = kumulierte[32] Ausgaben – kumulierte Einnahmen

Der Gesamtkapitalbedarf = Anlagenkapitalbedarf + Umlaufkapitalbedarf[33]

Die Umlaufkapitalbedarfsermittlung = $(Kapitalbindungsdauer - Lieferantenziel) * \varnothing\ tägliche\ Auszahlungen$

Alle Ergebnisse hier sind finanzielle Werte!

Zinsermittlung

Man unterscheidet bei Zinsen zwischen dem Zinsaufwand für kurzfristige Finanzierung und dem Zinsaufwand für langfristige Finanzierung

$$\frac{Kapital * Jahreszinssatz * Tage}{100\% * 360\ Tage}$$

Zinseszinsformel[34]

Kapital am Endzeitpunkt = Ausgangskapital zum Anfang * Aufzinsungsfaktor

Disagio[35]

Darlehensbetrag bei Disagio = $\frac{Finanzierungsbedarf * 100}{Auszahlungsbetrag}$

Alle Ergebnisse hier sind finanzielle Werte!

---

[32] Kumuliert ist der Fachbegriff für "zusammengerechnet/zusammengefasst", also die Summe aus verschiedenen Zahlenwerten.

[33] Anlagekapital = Anlagevermögen (wie in der Bilanz) und Umlaufkapital = Umlaufvermögen.

[34] Kapital am Endzeitpunkt = Kn; Ausgangskapital zum Anfang = K0

[35] Das Disagio (Auszahlungskursverlust) stellt eine Zinsvorauszahlung für die Dauer des vereinbarten Zinsbindungszeitraumes dar. Die Lücke zwischen Finanzierungsbedarf und Auszahlungsbetrag nennt man DISAGIO.

Hier werden die einzelnen Kostenarten nach der Zurechenbarkeit auf die Produkt unterschieden:

	EK Einzelkosten sind die Kosten, die einem hergestellten Produkt direkt zurechenbar und variabel sind	**GK** Gemeinkosten sind die Kosten, die einem hergestellten Produkt nicht direkt zurechenbar sind. **Fix oder variabel**.	
Kvar Variable Kosten Steigen mit der Menge oder/und Auftragsvolumen an. Deshalb sind es auch proportionale Kosten.	Rohstoffverbrauch u. Produktivlöhne in Produktionsbetrieben, Wareneinsatz im Handel, Verkfsprovisionen und Ausgangsfrachten	Hilfs- und Betriebsstoffverbrauch in Industriebetrieben, Arbeitgeber-Sozialaufwand auf Produktivlöhne.	*Teilkostenrechnung*
Kfix Fixe Kosten Sind vom Auftragsvolumen unabhängig´, aber deshalb noch lange nicht langfristig konstant.	X	Verwaltungskosten, Telekommunikation und Bürokosten, Gehälter, Arbeitgeber-SV, Raumkosten, alle kalkulatorischen Kosten usw.	
	Vollkostenrechnung		

Zinsformeln

Beim Jahreszins:

$$\text{Zinsbetrag} = \frac{Kapital * Zeit\ in\ Jahre * Zinssatz}{100}$$

Das Ergebnis ist ein Geldwert !

Jahreszins

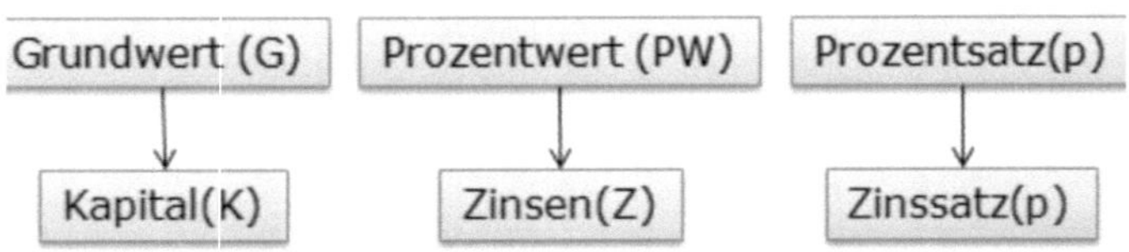

Jahreszinsen	Monatszinsen	Tageszinsen
$Z = \frac{K \cdot p}{100} \cdot J$	$Z = \frac{K \cdot p}{100} \cdot \frac{M}{12}$	$Z = \frac{K \cdot p}{100} \cdot \frac{T}{360}$

Kapitalstrukturregeln

Eins zu Eins-Regel[36]

$$1{:}1\text{ Regel} = \frac{Fremdkapital}{Eigenkapital} \leq 1$$

Zwei zu Eins-Regel[37]

$$2{:}1\text{ Regel} = \frac{Fremdkapital}{Eigenkapital} \leq 2$$

Drei zu Eins-Regel[38]

$$3{:}1\text{ Regel} = \frac{Fremdkapital}{Eigenkapital} \leq 3$$

Das Verhältnis von Fremdkapital zu Eigenkapital wird auch oft „Verschuldungskoeffizient“ oder „Verschuldungsgrad“ genannt.

[36] Das Eigenkapital muss mindestens genauso groß wie das Fremdkapital sein.

[37] Das Fremdkapital darf das Zweifache des Eigenkapitals nicht überschreiten.

[38] Das Fremdkapital darf das Dreifache des Eigenkapitals nicht überschreiten.

Betriebsabrechnungsbogen

- Arten des Ist-Gemeinkostenzuschlags

Ist-Materialgemeinkostenzuschlag

$$\text{Ist-Materialgemeinkostenzuschlag} = \frac{Materialgemeinkosten}{Fertigungsmaterial} * 100$$

Ist-Fertigungsgemeinkostenzuschlag

$$\text{Ist-Fertigungsgemeinkostenzuschlag} = \frac{Fertigungsgemeinkosten}{Fertigungslöhne} * 100$$

Ist-Verwaltungsgemeinkostenzuschlag

$$\text{Ist-Verwaltungsgemeinkostenzuschlag} = \frac{Verwaltungsgemeinkosten}{Herstellkosten\ des\ Umsatzes} * 100$$

Ist-Vertriebsgemeinkostenzuschlag

$$\text{Ist-Vertriebsgemeinkostenzuschlag} = \frac{Vertriebsgemeinkosten}{Herstellkosten\ des\ Umsatzes} * 100$$

Die **Herstellkosten des Umsatzes** werden errechnet:

	Fertigungsmaterial
+	Materialgemeinkosten
+	Fertigungslöhne
+	Fertigungsgemeinkosten
=	**Herstellkosten der Erzeugung**
+	Minderbestand
-	Mehrbestand
=	**Herstellkosten des Umsatzes**

Kalkulatorische Kosten

Die kalkulatorischen Kosten sind Kosten, die nicht mit den echten Geldströmen in einem Unternehmen übereinstimmen. Sie werden zu den Kosten hinzugerechnet, um den zu erwartenden Gewinn bereits in die Produktkalkulation einfließen zu lassen bzw. um eine vergleichbare Kostenstruktur zu erzeugen.

Kalkulatorische Abschreibung

ist der Verbrauchsanteil während der geplanten Nutzungsdauer.

$$\text{Kalkulatorische Abschreibung} = \frac{Wiederbeschaffungswert}{tatsächliche\ Nutzungsdauer}$$

Kalkulatorische Miete

wird auf Räume veranschlagt, die betrieblich genutzt werden, sich aber im Privatbesitz des Unternehmers befinden. Weil hierbei keine wirklichen Mietzahlungen fließen, handelt es sich um kalkulatorische Zusatzkosten.

Kalkulatorische Zinsen

Die Verzinsung des vom Unternehmer eingebrachten betriebsnotwendigen Kapitals, anstelle einer Geldanlage bei der Bank. Sie werden nicht real ausbezahlt, deshalb werden Sie als Anderskosten berücksichtigt.

Kalkulatorischer Unternehmerlohn

alle Leistungen, die der Unternehmer oder dessen Familienangehörige erbringen, die in keinem Vertragsverhältnis zum Betrieb stehen. Leistungen, für die er in einem anderen Unternehmen entgeltlich bezahlt werden würde.

Kalkulatorische Wagnisse

$$\text{Wagniszuschlag} = \frac{Geschätzter\ oder\ eingetretener\ Verlust * 100}{Bezugsgröße\ (Waren-oder\ Kapitaleinsatz)}$$

3.2. Investition

Kapitalbedarf

Der Bedarf an finanziellen Mittel, die benötigt werden, um eine Investition zu tätigen und das dazugehörige Anlage- und Umlaufvermögen zu finanzieren.

Kapitalbedarf = Kumulierte[39] Ausgaben – kumulierte Einnahmen

Anlagekapitalbedarf

ergibt sich durch das Anlagevermögen eines Unternehmens. Für alle benötigten Anlagegüter müssen die Anschaffungskosten ermittelt werden, dazu gehören auch die Nebenbeschaffungskosten, wie z. B. Kosten für Transport oder Montage.

	Grundstücke
+	Gebäude
+	Maschinen und Anlagen
+	Fahrzeuge
+	Betriebs- und Geschäftsausstattung
=	**Anlagekapitalbedarf**

Umlaufkapitalbedarf

entsteht aus dem Umlaufvermögen und sichert den Leistungsprozess des Unternehmens.

	Kapitalbindung der Werkstoffe
+	Kapitalbindung der Lohnkosten
+	Kapitalbindung der Gemeinkosten
=	**Umlaufkapitalbedarf**

[39] Kumulieren ist das Aufaddieren (Aufsummieren) aller Werte. Sind die Werte z. B. 2,3 und 7, so beträgt der kumulative Wert dann 12 (2+3+7)

Abzinsungsfaktor / Barwertfaktor

$$\frac{1}{(1 + Kalkulationszinssatz)^{Laufzeit}} = \frac{1}{q^{n}}$$[40]

Hinweis: muss kleiner als 1 sein (1 <)

Beispiel bei einem Zinssatz von 8% mit einer Laufzeit von 5 Jahren

$$\frac{1}{(1 + 0{,}08)^{5}} = 0{,}6806$$

Der Barwert einer Einzahlung oder Auszahlung ist der Wert, der sich durch die Abzinsung ergibt.

Aufzinsungsfaktor

Aufzinsungsfaktor $= (1 + Prozentsatz)^{Laufzeit}$

[40] q = (1 + i); i = Kalkulationszinssatz

Abzinsungstabelle

%	2,00	2,50	3,00	3,50	4,00	4,50	5,00
t / i	0,0200	0,0250	0,0300	0,0350	0,0400	0,0450	0,0500
1	0,9804	0,9756	0,9709	0,9662	0,9615	0,9569	0,9524
2	0,9612	0,9518	0,9426	0,9335	0,9246	0,9157	0,9070
3	0,9423	0,9286	0,9151	0,9019	0,8890	0,8763	0,8638
4	0,9238	0,9060	0,8885	0,8714	0,8548	0,8386	0,8227
5	0,9057	0,8839	0,8626	0,8420	0,8219	0,8025	0,7835
6	0,8880	0,8623	0,8375	0,8135	0,7903	0,7679	0,7462
7	0,8706	0,8413	0,8131	0,7860	0,7599	0,7348	0,7107
8	0,8535	0,8207	0,7894	0,7594	0,7307	0,7032	0,6768
9	0,8368	0,8007	0,7664	0,7337	0,7026	0,6729	0,6446
10	0,8203	0,7812	0,7441	0,7089	0,6756	0,6439	0,6139
11	0,8043	0,7621	0,7224	0,6849	0,6496	0,6162	0,5847
12	0,7885	0,7436	0,7014	0,6618	0,6246	0,5897	0,5568

%	5,50	6,00	6,50	7,00	7,50	8,00	8,50
t / i	0,0550	0,0600	0,0650	0,0700	0,0750	0,0800	0,0850
1	0,9479	0,9434	0,9390	0,9346	0,9302	0,9259	0,9217
2	0,8985	0,8900	0,8817	0,8734	0,8653	0,8573	0,8495
3	0,8516	0,8396	0,8278	0,8163	0,8050	0,7938	0,7829
4	0,8072	0,7921	0,7773	0,7629	0,7488	0,7350	0,7216
5	0,7651	0,7473	0,7299	0,7130	0,6966	0,6806	0,6650
6	0,7252	0,7050	0,6853	0,6663	0,6480	0,6302	0,6129
7	0,6874	0,6651	0,6435	0,6227	0,6028	0,5835	0,5649
8	0,6516	0,6274	0,6042	0,5820	0,5607	0,5403	0,5207
9	0,6176	0,5919	0,5674	0,5439	0,5216	0,5002	0,4799
10	0,5854	0,5584	0,5327	0,5083	0,4852	0,4632	0,4423
11	0,5549	0,5268	0,5002	0,4751	0,4513	0,4289	0,4076
12	0,5260	0,4970	0,4697	0,4440	0,4199	0,3971	0,3757

Rentabilitätsvergleichsrechnung (statisch)

$$\text{Rentabilität} = \frac{\emptyset\ Gewinn\ vor\ Zinsen}{\emptyset\ Kapitaleinsatz} * 100$$

$$\emptyset\ \text{Kapitaleinsatz} = \frac{Anschaffungskosten + Liquidationserlös}{2} * 100$$

Dynamische Amortisationsrechnung

$$\text{Pay-off-Zeit} = nv + \frac{Cv}{Cv - Cn}$$

nv = letztes Jahr vor Erreichen der Amortisation

Cv = Rückflüsse im letzten Jahr vor Erreichung der Amortisation

Cn = Rückflüsse im ersten Jahr nach Erreichung der Amortisation

Investitionsketten

$$\text{Kapitalwert}^{41} = \frac{Kapitalwert\ eines\ Einzelglieds * Annuitätenfaktor}{Abzinsungsfaktor}$$

Alle Ergebnisse hier sind finanzielle Werte!

[41] Gemeint ist hier der Kapitalwert einer identischen unendlichen Investitionskette

Annuitätenmethode

Annuität = Kapitalwert * $\frac{1}{kumulierter\ Barwertfaktor}$

Interne Zinsfußmethode

Vorgehensweise zur Berechnung des internen Zinsfußes:

1. Die Nettoeinnahmen des Investitionsprojekts müssen ermittelt werden,
2. Barwert Nr.1 (B1) muss mit dem Versuchszins Nr.1 (Z1) berechnet werden
3. Barwert Nr.2 (B2) muss mit dem Versuchszins Nr.2 (Z2) berechnet werden
4. Errechnete Werte müssen in die interne Zinsfuß-Formel eingesetzt werden.

Interne Zinsfußmethode[42] = $(Z1 - B1 * \frac{(Z2-Z1)}{B2-B1}) *^{100}$

42 Je näher die Versuchszinssätze an der tatsächlichen internen Verzinsung liegen, desto genauer wird das Ergebnis.

Abzahlungsdarlehen

Hierbei fallen die zu zahlenden Leistungen jährlich. Die Tilgungsbeträge bleiben zwar gleich hoch, aber die Zinsanteile sinken, weil sich mit jeder erfolgten Tilgung die Restschuld verringert.

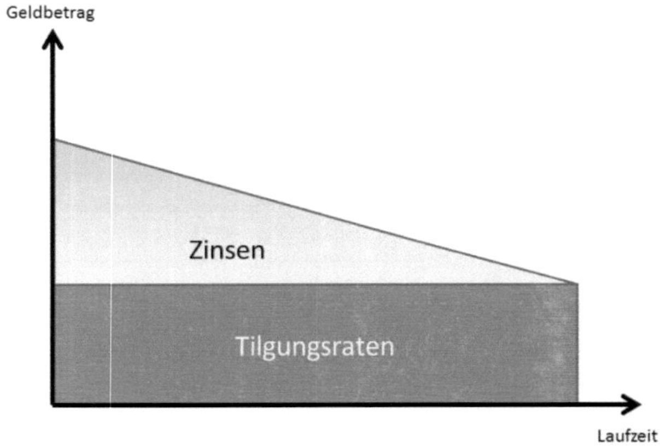

Zinsen = Darlehenssumme * Zinssatz

Tilgung = $\frac{Darlehenssumme}{Laufzeit}$

Monatliche Rate = Zinsen + Tilgung

Restschuld am Jahresende = Restschuld am Jahresanfang – Tilgung

Gesamtsumme der Rückzahlung = Zusammenrechnen aller Raten

Annuitätendarlehen

Hierbei handelt es sich um ein Darlehen mit gleich bleibenden Rückzahlungsbeträgen. Die Annuität setzt sich aus dem Zins- und dem Tilgungsanteil zusammen.

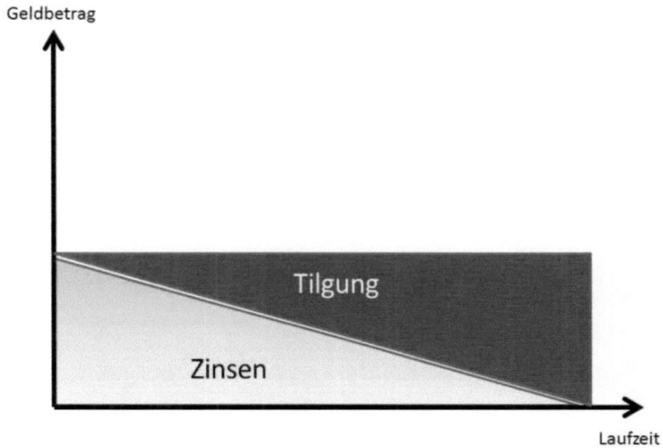

Am Ende der Kreditlaufzeit ist die Kreditschuld vollständig getilgt.

Annuität = Barwert * Kapitalgewinnungsfaktor

Tilgung = Annuität – Zinsen

Gesamtsumme der Zurückzahlung = Annuität * Laufzeit

4. Rechtliche Rahmenbedingungen der Unternehmensführung

4.1. Handels- und Bürgerliches Recht

Grundaufbau

Stellen Sie sich bei der Falllösung folgende Frage:

WER→ will von →WEM →WAS →WORAUS

WER = Gläubiger, Anspruchsteller
WEM = Schuldner; Anspruchsgegner
WAS = Anspruchsziel, Anspruchsgegenstand
WORAUS = Anspruchsgrundlage/n (Vertrag, Eigentümer-Besitzer-Verhältnis, Unerlaubte Handlung, Ungerechtfertigte Bereicherung)

Der weitere Prüfungsschritt wäre der Anspruch und dessen Berechtigung:

Anspruch entstanden?

1. Anspruchsvoraussetzungen
2. Keine hindernden Einwendungen
3. Rechtsfolgen[43]

Anspruch durchsetzbar?[44]

Keine rechtshemmenden Einreden? (wie Verjährung, Stundung oder Zurückbehaltungsrecht)

1. Einrede erhoben?
2. Voraussetzungen?
3. Kein Ausschluss

---

[43] Hierfür wird das jeweilige Gesetzbuch benötigt.

[44] Anspruchsgrundlage ist immer im jeweiligen Gesetzbuch (meistens HGB oder BGB)

Danach stellen Sie sich die Frage, welches Gesetzbuch Sie für die Falllösung brauchen?[45]

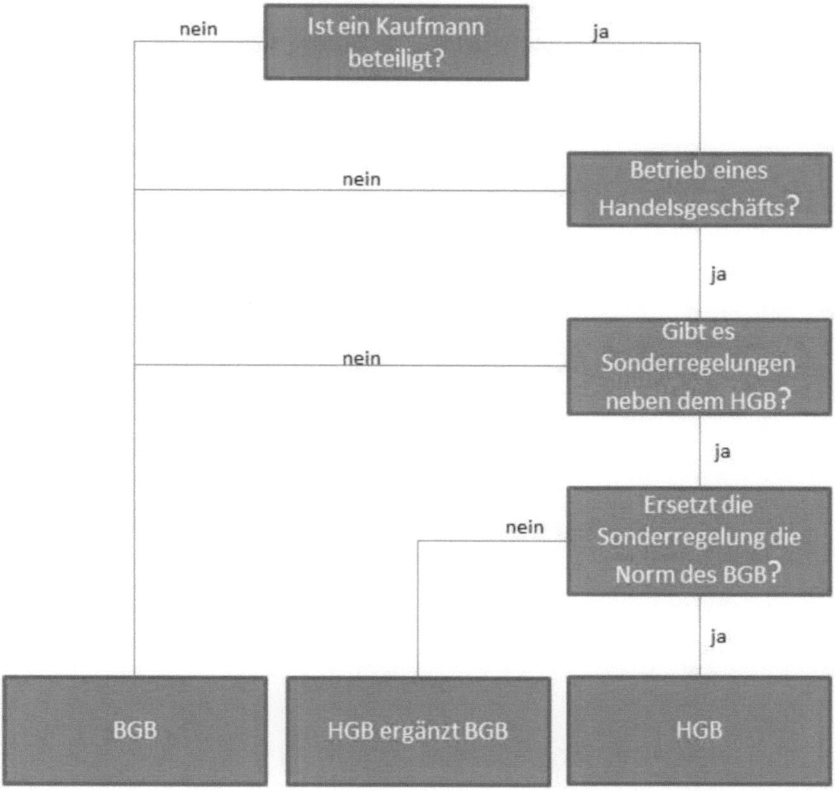

(Förster, 2010)

[45] Das Handelsrecht des HGB wird auch oft als „Sonderprivatrecht der Kaufleute" bezeichnet.

1) ANGEBOT
  1.1) **Willenserklärungen (Mindestvoraussetzung)**
    a) Vertragsparteien?
    b) Vertragsgegenstand?
    c) Gegenleistung
  1.2. **Wirksamwerden der Willenserklärungen**
    a) Abgabe
    b) Zugang

2) ANNAHME
  1.1) **Willenserklärungen (Mindestvoraussetzung)**
    a) Äußerer Tatbestand ist deckungsgleich wie das Angebot
    b) Subjektiver Mindesttatbestand
  1.2. **Wirksamwerden der Willenserklärungen**
    a) Abgabe
    b) Zugang (evtl. nach § 151 BGB entbehrlich)

Anfechtung

Die Anfechtungserklärung (§ 143 BGB Abs. 1) ist eine einseitige, empfangsbedürftige Willenserklärung.

Rechtsfolgen der Anfechtung können sein:

- Nichtigkeit (von Anfang an: § 142 Abs. 1 BGB)
- Schadensersatzpflicht (§ 122 Abs. 1 BGB)

Kaufpreisminderung

Minderung[46] = $\frac{Wert\ der\ mangelhaften\ Sache * vereinbarter\ Kaufpreis}{objektiver\ Wert\ der\ fehlerfreien\ Sache}$

[46] Das hieraus resultierende Ergebnis ergibt den geminderten Kaufpreis.

Paragraph	Problem	Rechtsfolge
BGB §116	Geheimer Vorbehalt	Rechtsgeschäft ist gültig, sofern nicht der Geschäftspartner den Vorbehalt kennt (dann ist es nichtig)
BGB §117	Scheingeschäft	Rechtsgeschäft ist nichtig
BGB §118	Scherzerklärung	Rechtsgeschäft ist nichtig
BGB §119	Irrtum	Rechtsgeschäft ist gültig, aber anfechtbar
BGB §120	Falschübermittlung	Rechtsgeschäft ist gültig, aber anfechtbar
BGB §123	Arglistige Täuschung	Rechtsgeschäft ist gültig, aber anfechtbar
BGB §123	Widerrechtliche Drohung	Rechtsgeschäft ist gültig, aber anfechtbar
BGB §125	Formmangel	Rechtsgeschäft ist nichtig
BGB §134	Verstoß gegen gesetzliche Verbote	Rechtsgeschäft ist nichtig
BGB §138	Sittenwidrigkeit	Rechtsgeschäft ist nichtig
BGB §104 -105	Geschäftsunfähigkeit	Rechtsgeschäft ist nichtig
BGB §106 -109	Beschränkte Geschäftsfähigkeit	Rechtsgeschäft ist schwebend unwirksam, kann durch Genehmigung wirksam werden (Ausnahmen §110 - 113)
BGB §164,177	Vertretung ohne Vertretungsmacht	Rechtsgeschäft ist schwebend unwirksam, kann durch Genehmigung wirksam werden

Nichtigkeit		Anfechtbarkeit		
§ 105 BGB	Geschäfte von Geschäftsunfähigen	§ 119 BGB	wegen Irrtums	
§ 117 BGB	Scheingeschäfte	(1)	Inhaltsirrtum	Irrtum über die richtige Benennung
§ 119 BGB	Scherzgeschäfte			
§ 134 BGB	Verstoß gegen ein gesetzliches Verbot	(1)	Erklärungsirrtum	versprechen, verschreiben, vergreifen
§ 138 BGB	Verstoß gegen die guten Sitten (Wucher)	(2)	Eigenschaftsirrtum	falsche Vorstellung von der Sache
§ 125 BGB	Verstoß gegen Formvorschriften	§ 123 BGB	wegen Täuschung oder Drohung	

Verträge des BGB		
Kaufvertrag	Entgeltliche Übertragung von Sachen und Rechten durch Einigung und Übergabe Mängel: § 434 Sachmängel, § 435 Rechtsmängel § 437 **Rechte des Käufers bei Mängeln** sind: § 437 Nacherfüllung oder § 441 Minderung **Gefahrenübergang**: §§ 446, 447 i. V. m. § 269 BGB **Schadensersatz**: §§ 280ff., evtl. § 286 Verzug §§ 474 ff. Verbrauchsgüterkauf	**§§ 433 - 479 BGB**

Allgemeiner Teil	Recht der Schuldverhältnisse	
	Grundlagen	Einzelne Schuldverhältnisse
Personen (§ 1 BGB)	Inhalt (§ 241 BGB) Verpflichtung (§ 241 BGB) Gläubigerverzug (§ 293 BGB)	Kauf (§ 433 BGB)
Sachen (§ 90 BGB)		Darlehen (§ 488 BGB)
Rechtsgeschäfte (§ 104 BGB) Geschäftsfähigkeit (§ 104 BGB) Willenserklärung (§ 116 BGB) Vertrag (§ 145 BGB) Vertretung (§ 164 BGB)		Schenkung (§ 516 BGB)
	AGB (§ 305 BGB)	Miete, Pacht (§ 535 BGB)
	Verträge (§ 311 BGB) Begründung etc. (§ 311 BGB) Gegenseitiger Vertrag (§ 320 BGB) Versprechen (§ 328 BGB) Draufgabe, Strafe (§ 336 BGB) Rücktritt (§ 346 BGB)	Leihe (§ 535 BGB)
		Sachdarlehen (§ 607 BGB)
		Dienst (§ 661 BGB)
		Werk (§ 631 BGB)
Fristen (§ 186 BGB)		Auftrag (§ 662 BGB)
		ohne Auftrag (§ 677 BGB)
Verjährung (§ 194 BGB)	Erlöschen (§ 362 BGB)	Verwahrung (§ 688 BGB)
		Gesellschaft (§ 705 BGB)
Sachenrecht Besitz (§ 854 BGB) Eigentum (§ 903 BGB)	Abtretung (§ 398 BGB)	Bürgschaft (§ 765 BGB)
	Ungerechtfertigte Bereicherung (§ 812 BGB)	
	Unerlaubte Handlung (§ 823 BGB)	

AGB

Überprüfung ob AGB angewendet werden können

---

1) Anwendbarkeit

→ **NEIN**, wenn §310 BGB Abs. 4 S.1

2) Vorliegen von AGB

→ **JA**, wenn §305 BGB Abs. 1 S.1

→ **JA**, wenn §310 BGB Abs. 3 Nr. 1 und 2

→ **NEIN**, wenn §305 Abs. 1 S.3

3) Wirksame Einbeziehung

→ **Grundsatz:** § 305 BGB Abs. 2

→ **Ausnahmen:** § 205 BGB a bzw. § 310 BGB

→ **NEIN**, wenn §305 b bzw. § 305 BGB c Abs. 1

4) Auslegung und Inhaltskontrolle

→ **Grundsatz:** § 305 BGB c Abs. 2 in Verbindung mit §§ 133, 157

→ **Inhaltskontrolle:** § 305 BGB c Abs. 2 in Verbindung mit §§ 133, 157

→ kein Ausschluss: § 307 BGB Abs. 3 S.1
Grundsatz: §§ 309 - 307 BGB
Ausnahme: § 310 BGB Abs. 1

5) Rechtsfolge

§ 306 BGB Abs. 1: **UNWIRKSAMKEIT**

§ 306 BGB Abs. 2: **LÜCKENSCHLIEßUNG**

4.2. Wettbewerbsrecht (UWG)

Das UWG dient dem Schutz der Mitbewerber und Verbraucher.

Das GWB schützt die Freiheit des Marktzugangs und das UWG die Fairness auf den Märkten.

Fallbearbeitung bei einem Fall im UWG

1. Voraussetzung ist eine geschäftliche Handlung
2. Generalklausel §3 UWG besagt, dass unlautere geschäftliche Handlungen unzulässig sind.
3. Handelt es sich in dem Fall um eine unlautere Handlung?

- Prüfung des Beispielkatalogs in § 4 UWG
- Prüfung des Beispielkatalogs SCHWARZE LISTE (Siehe nächste Seite)
- Prüfung ob es sich um irreführende Werbung handelt in § 5 UWG[47]
- Prüfung ob es sich um eine unzumutbare Belästigung handelt in § 7 UWG

Rechtsfolgen können sein:

- Beseitigung und Unterlassung § 8 UWG
- Schadensersatz § 9 UWG
- Gewinnabschöpfung § 10 UWG

Für solche Fälle sind ausschließlich Landgerichte zuständig

[47] Vergleichende Werbung ist nicht unlauter! Es sei denn Handlungen aus § 6 UWG Abs. 2 kommen hierbei hinzu.

Schwarze Liste

Nr. 1 bis Nr. 4: „Man schmückt sich mit fremden Federn“

Nr. 5: „	„Man verspricht etwas, das man nicht halten kann“
Nr. 6:	„Man verspricht etwas, das man nicht halten will“
Nr. 7:	„Den Verbraucher unter Zeitdruck setzen“
Nr. 8:	„Nach Vertragsschluss alles in einer anderen Sprache“
Nr. 9:	Täuschung des Verbrauchers“
Nr. 10:	„Mit Selbstverständlichem werben“
Nr. 11:	„Werbung tarnen“
Nr. 12:	„Werben mit der Angst“
Nr. 13:	„Das Angebot des Mitbewerber nachmachen, in der Absicht, über die betriebliche Herkunft der Ware zu täuschen“
Nr. 14:	„Schneeball- oder Pyramidensystem“ (progressive Kundenwerbung)
Nr. 15 bis Nr. 24:	„Unwahr – Übertrieben – Ungenau“
Nr. 25, 26:	„Druck machen“
Nr. 27:	„Den Verbraucher bei der Wahrnehmung seiner Rechte hinhalten oder ausbremsen“
Nr. 28:	„Direkter Appell an Kinder“
Nr. 29:	„Zahlung oder Rücksendung nicht bestellter Waren oder Dienstleistungen verlangen“
Nr. 30:	„Druck durch Mitleid“

4.3. Kartellrecht

Mit dem Kartellrecht befasst sich in Deutschland das GWB.

Fallbearbeitung

- Sind in dem Fall die Tatbestandsmerkmale von § 1 GWB vorhanden?
- Unternehmen
- Vereinbarungen / Beschlüsse
- Abgestimmtes Verhalten zwischen Unternehmen
- Verhinderung, Einschränkung oder Verfälschung des Wettbewerbs
- Kausalität zwischen Vertrags- und Wettbewerbsbeschränkung
- Spürbarkeit

Die Rechtsfolgen bei einem Verstoß gegen § 1 GWB können sein:

- Nichtigkeit der Verträge oder abgestimmten Verhaltensweisen (Wer sich über die Unwirksamkeit hinwegsetzt, dem droht ein Bußgeld in § 81 GWB)
- Schadensersatz kann von Konkurrenten laut § 33 GWB verlangt werden.
- Kartellbehörde kann Abschöpfung des wirtschaftlichen Vorteils anordnen laut §§ 34, 34 a GWB.
- Entflechtung ist ebenso denkbar laut § 32 GWB

(Schwintowski, 2012)

4.4. Insolvenzrecht

Ablauf des Insolvenzverfahrens

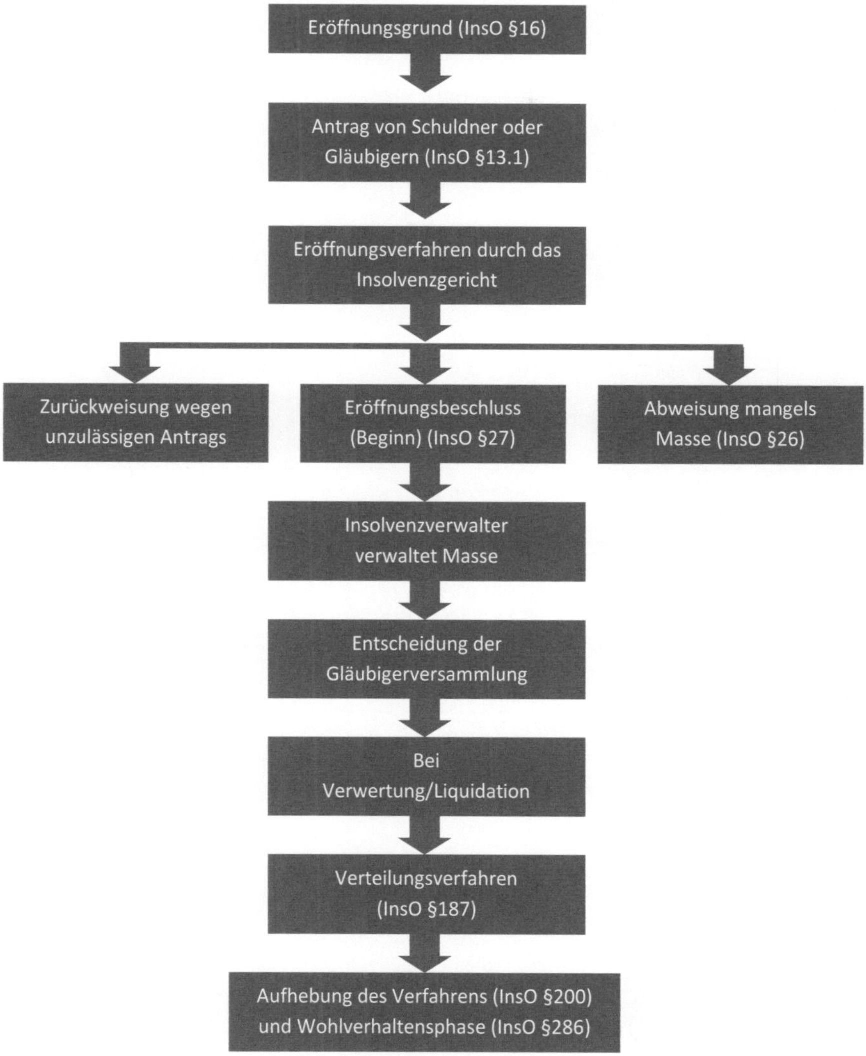

4.5. Arbeitsrecht und Arbeitsschutzrecht

Das Arbeitsvertragsrecht regelt die Rechte und Pflichten von beiden Parteien eines Arbeitsvertrags.

BGB	**§§611 bis 630 BGB** sind grundlegende Vorschriften des Dienstvertrages enthalten. Hinzu kommen hierbei noch allgemeine Bestimmungen aus dem Teil des Schuldrechts in **§§241 bis 432 BGB**.
HGB	**§§59 ff. HGB** sind Regelungen für den Arbeitnehmer bei Verrichtung kaufmännischer Dienste
GewO	Für gewerbliche Angestellte gelten **§§133c bis 133 f. der Gewerbeordnung**
BBiG	Regelungen über die Verträge für Auszubildende

Allgemeine Schutzvorschriften

Allgemeines Gleichbehandlungsgesetz (AGG)	verbietet Diskriminierung
Arbeitssicherheitsgesetz (ArbSichG)	Regelungen für Betriebsärzte, Ingenieure und Fachkräfte die AN und AG unterstützen sollen
Arbeitsschutzgesetz (ArbSchG)	Regelungen über Belüftung, Beheizung und Beleuchtung der Arbeitsstätten.
Arbeitszeitrechtsgesetz (ArbZRG)	Regelt Arbeitszeiten
Kündigungsschutzgesetz (KSchG)	Regelungen zum allgemeinen und speziellen Kündigungsschutz
Entgeltfortzahlungsgesetz (EFZG)	Regelt Ansprüche auf Entgelt bei Krankheit des AN

Speziell Schutzvorschriften[48]

Berufsbildungsgesetz (BBiG)	Regelt Aus- und Weiterbildung sowie Umschulung im Beruf.
Heimarbeitsgesetz (HAG)	Regelungen für Heimarbeiter und Hausgewerbetreibende
Jugendarbeitsschutzgesetz (JArbSchG)	Umfasst Arbeitsschutz für Kinder und Jugendliche
Mutterschutzgesetz (MuSchG)	sichert Rechte werdender und stillender Mütter
Sozialgesetzbuch (SGB IX)	regelt Schutz Schwerbehinderter und der ihnen gleichgestellten Personen.

Gesetzliche Kündigungsfristen

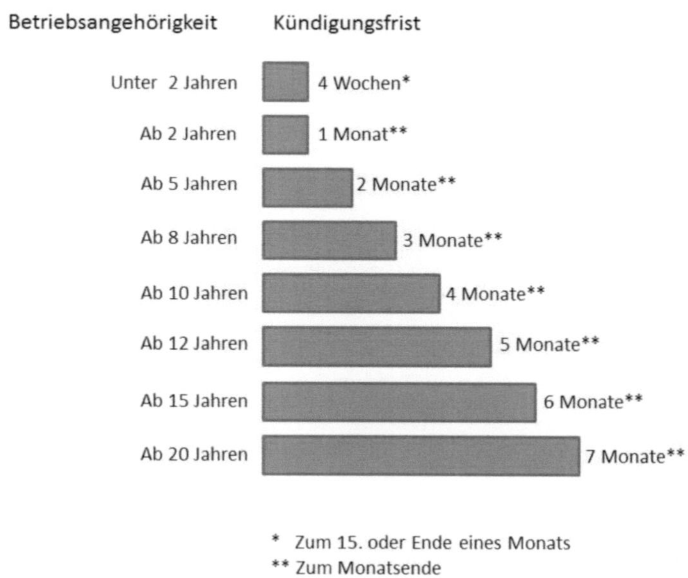

Ausgangspunkt hierbei sind die gesetzlichen Kündigungsfristen bei einer ordentlichen Kündigung gemäß §622 BGB.

---

[48] Sind nur für einzelne Gruppen von Arbeitnehmern gültig.

5. Europäische und internationale Wirtschaftsbeziehungen

Die vier Freiheiten der EU sind:

1. Freiheit des Personenverkehrs
2. Freiheit des Warenverkehrs
3. Freiheit des Dienstleistungsverkehrs
4. Freiheit des Kapitalverkehrs

5.1. Incoterms

Hinweis: Alle Informationen, die sie hier nun bzgl. der Incoterms übersichtlich dargestellt sehen, haben wir aus dem aktuellsten Regelwerk der „International Chamber of Commerce" entnommen und zitiert.

Incoterms werden in C-, D-, E- und F –Klauseln unterteilt:

E-Klauseln: Bei der E-Klausel[49]ist der Exporteur von allen Kosten für Transport und Abfertigung der Ware befreit.

F-Klauseln: Mit den F-Klauseln entledigt sich der Exporteur seiner Verantwortung mit Übergabe der Ware an den Frachtführer. Die Kosten des Haupttransportes trägt der Importeur. (Schulte, 2008)

C-Klauseln: bei den C-Klauseln trägt der Exporteur den überwiegenden Teil der Transportkosten.

D-Klauseln: Im Gegensatz zu den C-Klauseln übernimmt bei den D-Klauseln der Exporteur sowohl die Kosten als auch die Gefahren bis zum Bestimmungsort der Waren.

Gruppe E	Einpunktklausel
Gruppe F	Einpunktklausel
Gruppe C	Zweipunktklausel
Gruppe D	Einpunktklausel

1-Punkt-Klauseln: Kosten & Gefahr gehen an einem Ort an den anderen Vertragspartner über.

2-Punkt Klauseln: Kosten & Gefahr gehen an unterschiedlichen Orten an den anderen Vertragspartner über.

[49] Wird oft auch als „Abholklausel" bezeichnet.

Ex Works[50]

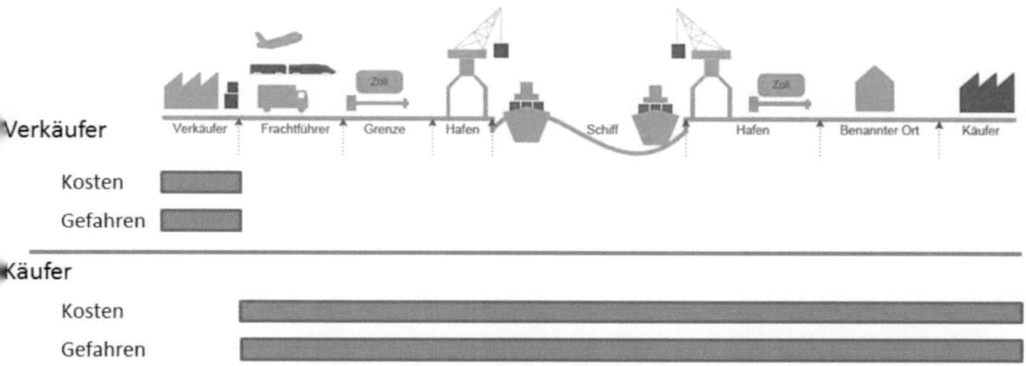

„Ab Werk“ bedeutet, dass der Verkäufer liefert, wenn er die Ware dem Käufer auf dem Gelände des Verkäufers oder an einem anderen benannten Ort zur Verfügung stellt, ohne dass die Ware zur Ausfuhr freigemacht und auf ein abholendes Beförderungsmittel verladen ist.

Diese Klausel stellt daher die Mindestverpflichtung für den Verkäufer dar, wobei der Käufer alle Kosten und Gefahren, die mit dem Transport der Ware von dem Gelände des Verkäufers verbunden sind, zu tragen hat.

Verpflichtungen des Verkäufers	Verpflichtungen des Käufers
Lieferung vertragsgemäßer Ware	Zahlung des Kaufpreises
Lizenzen, Genehmigungen und Formalitäten	Lizenzen, Genehmigungen und Formalitäten
Keine Verpflichtung zum Beförderungs- oder Versicherungsvertrag	
Lieferung bis siehe Grafik	Abnahmepflicht wenn vertragsgemäß
Gefahrenübergang siehe Grafik	Gefahrenübergang siehe Grafik

[50] Dieser Incoterm ist eine Ein-Punkt-Klausel.

FCA[51]

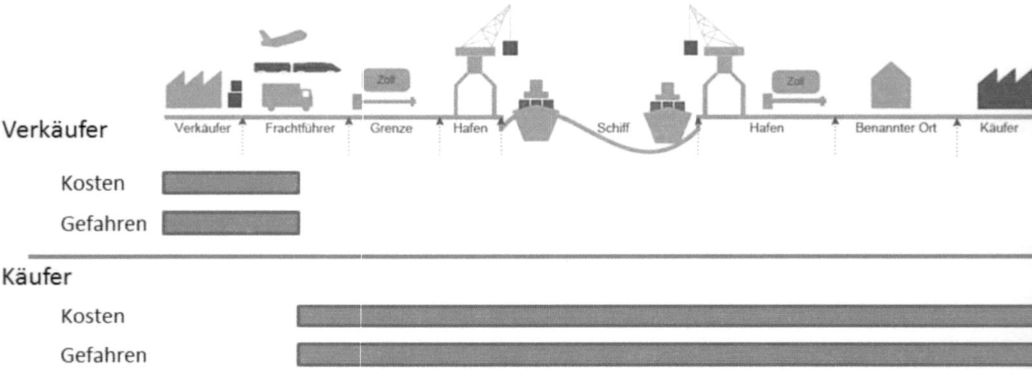

„Frei Frachtführer“ bedeutet, dass der Verkäufer die zur Ausfuhr freigemachte Ware dem vom Käufer benannten Frachtführer am benannten Ort liefert. Bitte beachten Sie hierbei, dass der ausgewählte Ort der Lieferung Folgen für die Verpflichtungen zur Be- und Entladung der Ware an diesem Ort nach sich zieht. Falls die Lieferung beim Verkäufer stattfindet, ist der Verkäufer für die Beladung verantwortlich. Falls die Lieferung an einem anderen Ort stattfindet, ist der Verkäufer nicht für die Entladung verantwortlich.

Verpflichtungen des Verkäufers	Verpflichtungen des Käufers
Lieferung vertragsgemäßer Ware	Zahlung des Kaufpreises
Lizenzen, Genehmigungen und Formalitäten	Lizenzen, Genehmigungen und Formalitäten
Keine Verpflichtung zum Beförderungs- oder Versicherungsvertrag	Beförderungsvertrag kann gewünscht werden - dann Pflicht; kein Versicherungsbetrag nötig
Lieferung bis siehe Grafik	Abnahmepflicht wenn vertragsgemäß
Gefahrenübergang siehe Grafik	Gefahrenübergang siehe Grafik

51 Dieser Incoterm ist eine Ein-Punkt-Klausel

FAS

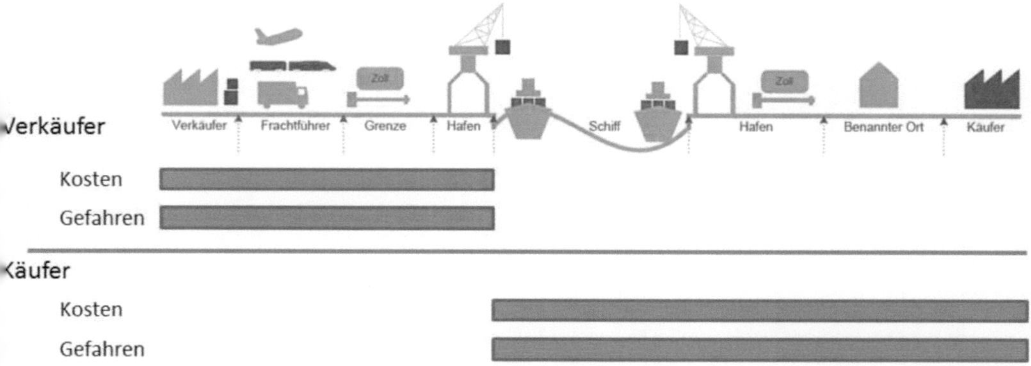

„Frei Längsseite Schiff" bedeutet, dass der Verkäufer liefert, wenn die Ware längsseits des Schiffs im benannten Verschiffungshafen gebracht ist. Dies bedeutet, dass der Käufer alle Kosten und Gefahren des Verlusts oder der Beschädigung der Ware von diesem Zeitpunkt an zu tragen hat.
Die FAS-Klausel verpflichtet den Verkäufer, die Ware zur Ausfuhr frei zu machen.

Verpflichtungen des Verkäufers	Verpflichtungen des Käufers
Lieferung vertragsgemäßer Ware	Zahlung des Kaufpreises
Lizenzen, Genehmigungen und Formalitäten	Lizenzen, Genehmigungen und Formalitäten
Keine Verpflichtung zum Beförderungs- oder Versicherungsvertrag	Beförderungsvertrag kann gewünscht werden - dann Pflicht; kein Versicherungsbetrag nötig
Lieferung bis siehe Grafik	Abnahmepflicht wenn vertragsgemäß
Gefahrenübergang siehe Grafik	Gefahrenübergang siehe Grafik

FOB

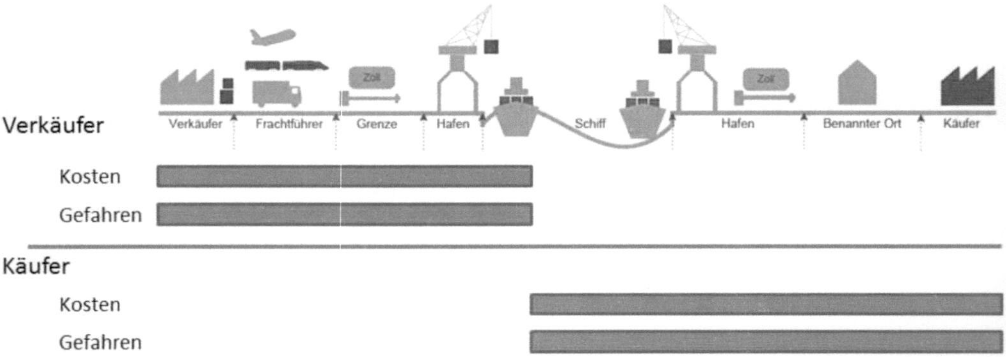

„Frei an Bord“ bedeutet, dass der Verkäufer liefert, wenn die Ware die Schiffsreling in dem benannten Verschiffungshafen überschritten hat. Dies bedeutet, dass der Käufer von diesem Zeitpunkt an alle Kosten und Gefahren des Verlustes oder der Beschädigung der Ware zu tragen hat. Die FOB-Klausel verpflichtet den Verkäufer, die Ware zur Ausfuhr freizumachen. Diese Klausel kann nur für den See- oder Binnenschifftransport verwendet werden.

Verpflichtungen des Verkäufers	Verpflichtungen des Käufers
Lieferung vertragsgemäßer Ware	Zahlung des Kaufpreises
Lizenzen, Genehmigungen und Formalitäten	Lizenzen, Genehmigungen und Formalitäten
Keine Verpflichtung zum Beförderungs- oder Versicherungsvertrag	Beförderungsvertrag kann gewünscht werden - dann Pflicht; kein Versicherungsbetrag nötig
Lieferung bis siehe Grafik	Abnahmepflicht wenn vertragsgemäß
Gefahrenübergang siehe Grafik	Gefahrenübergang siehe Grafik

CFR[52]

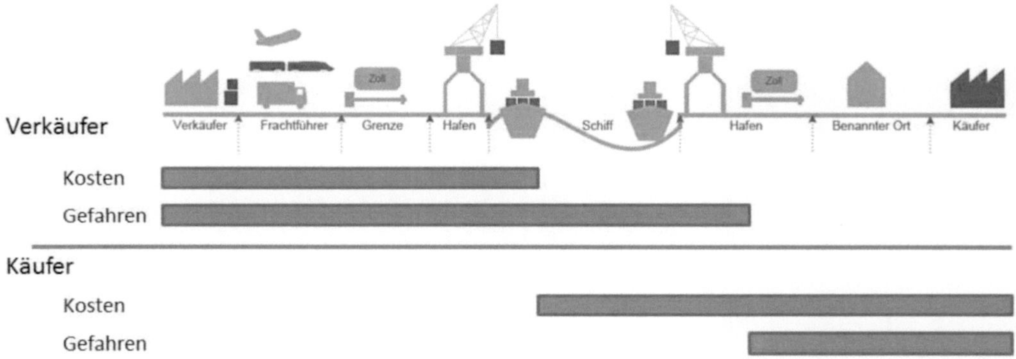

„Kosten und Fracht" bedeutet, dass der Verkäufer liefert, wenn die Ware die Schiffsreling in dem benannten Verschiffungshafen überschritten hat. Der Verkäufer hat die Kosten und die Fracht zu tragen, die erforderlich sind, um die Ware zum benannten Bestimmungshafen zu befördern; Jedoch gehen die Gefahr des Verlustes oder der Beschädigung der Ware ebenso wie zusätzliche Kosten, die auf Ereignisse nach Lieferung der Ware an Bord zurückzuführen sind, vom Verkäufer auf den Käufer über.
Die CFR-Klausel verpflichtet den Verkäufer, die Ware zur Ausfuhr freizumachen.

Verpflichtungen des Verkäufers	Verpflichtungen des Käufers
Lieferung vertragsgemäßer Ware	Zahlung des Kaufpreises
Formalitäten für die Ausfuhr	Formalitäten für die Einfuhr
Keine Verpflichtung zum Beförderungs- oder Versicherungsvertrag	
Lieferung bis siehe Grafik	Abnahmepflicht wenn vertragsgemäß
Gefahrenübergang siehe Grafik	Gefahrenübergang siehe Grafik

[52] Dieser Incoterm ist eine Zweipunkt-Klausel.

CPT[53]

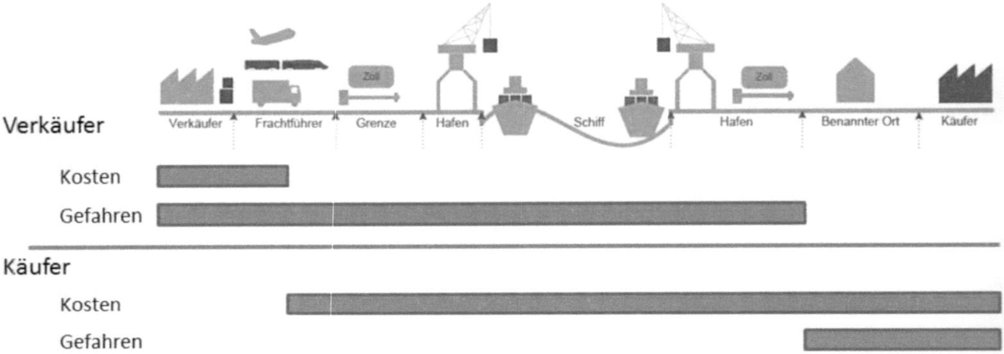

„Frachtfrei“ bedeutet, dass der Verkäufer die Ware dem von ihm benannten Frachtführer liefert, der Verkäufer hat jedoch zusätzlich die Frachtkosten zu übernehmen, die erforderlich sind, um die Ware bis zum benannten Stimmungsort zu befördern. Dies bedeutet, dass der Käufer alle Gefahren sowie alle anderen Kosten trägt, die nach der erfolgten Lieferung der Ware auftreten.

„Frachtführer“ ist, wer sich durch einen Beförderungsvertrag zur Beförderung verpflichtet. Werden mehrere aufeinanderfolgende Frachtführer für die Beförderung zum benannten Ort eingesetzt, geht die Gefahr auf den Käufer über, sobald die Ware dem ersten Frachtführer übergeben worden ist.

Verpflichtungen des Verkäufers	Verpflichtungen des Käufers
Lieferung vertragsgemäßer Ware	Zahlung des Kaufpreises
Formalitäten für die Ausfuhr	Formalitäten für die Einfuhr
Keine Verpflichtung zum Beförderungs- oder Versicherungsvertrag	
Lieferung bis siehe Grafik	Abnahmepflicht wenn vertragsgemäß
Gefahrenübergang siehe Grafik	Gefahrenübergang siehe Grafik

[53] Dieser Incoterm ist eine Zweipunkt-Klausel.

CIP[54]

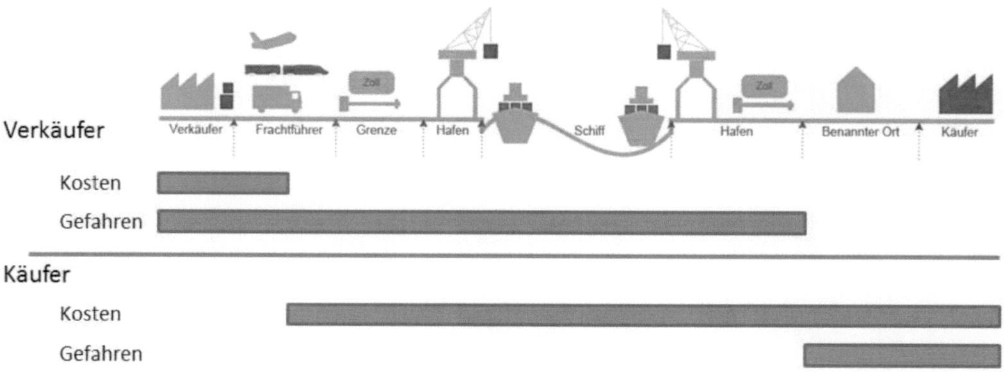

„Frachtfrei versichert“ bedeutet, dass der Verkäufer die Ware dem von ihm benannten Frachtführer liefert, der Verkäufer hat jedoch zusätzlich die Frachtkosten zu übernehmen, die erforderlich sind, um die Ware bis zum benannten Bestimmungsort zu befördern. Dies bedeutet, dass der Käufer alle Gefahren sowie alle zusätzlichen Kosten trägt, die nach der derart erfolgten Lieferung der Ware auftreten. Bei der CIP-Klausel hat der Verkäufer jedoch auch die Transportversicherung[55] gegen die vom Käufer getragene Gefahr des Verlusts oder der Beschädigung der Ware während der Beförderung zu beschaffen.

Verpflichtungen des Verkäufers	Verpflichtungen des Käufers
Lieferung vertragsgemäßer Ware	Zahlung des Kaufpreises
Formalitäten für die Ausfuhr	Formalitäten für die Einfuhr
Verpflichtung möglich	Keine Verpflichtung zum Beförderungs- oder Versicherungsvertrag
Lieferung bis siehe Grafik	Abnahmepflicht wenn vertragsgemäß
Gefahrenübergang siehe Grafik	Gefahrenübergang siehe Grafik

[54] Dieser Incoterm ist eine Zweipunkt-Klausel.

[55] Bei der CIP-Klausel ist der Verkäufer nur verpflichtet, eine Versicherung mit Mindestdeckung abzuschließen.

DAF[56]

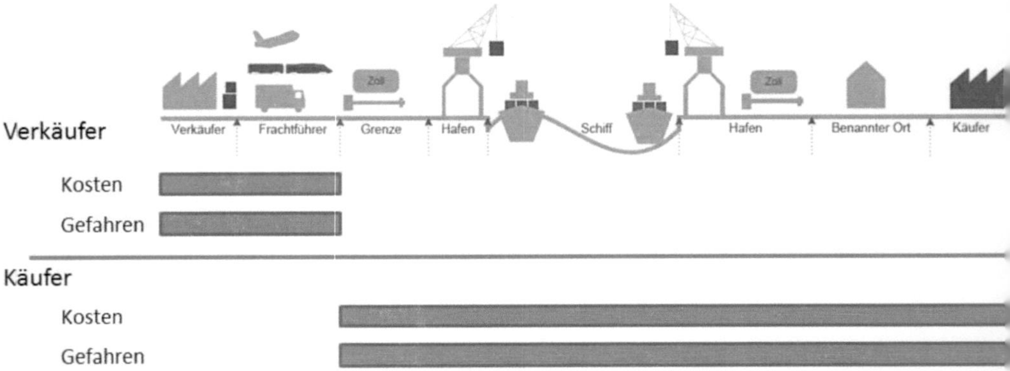

„Geliefert Grenze“[57] bedeutet, dass der Verkäufer liefert, wenn die zur Ausfuhr, aber nicht zur Einfuhr freigemachte Ware dem Käufer unentladen auf dem ankommenden Beförderungsmittel an der benannten Stelle des benannten Grenzortes zur Verfügung gestellt wird, jedoch vor der Zollgrenze des benachbarten Landes.

Der Begriff „Grenze“ meint jede Grenze, auch die Grenze des Ausfuhrlandes.

Sollten die Parteien jedoch wünschen, dass der Verkäufer auf eigene Gefahren und Kosten für die Entladung der Ware von dem ankommenden Beförderungsmittel verantwortlich sein soll, sollte dies durch einen entsprechenden ausdrücklichen Zusatz im Kaufvertrag deutlich gemacht werden. (Commerce, 2010)

Verpflichtungen des Verkäufers	Verpflichtungen des Käufers
Lieferung vertragsgemäßer Ware	Zahlung des Kaufpreises
Formalitäten für die Ausfuhr	Formalitäten für die Einfuhr
Verpflichtung möglich; Versicherung nicht unbedingt notwendig	Keine Verpflichtung zum Beförderungs- oder Versicherungsvertrag
Lieferung bis siehe Grafik	Abnahmepflicht wenn vertragsgemäß
Gefahrenübergang siehe Grafik	Gefahrenübergang siehe Grafik

[56] Dieser Incoterm ist eine Einpunkt-Klausel.

[57] Die Klausel kann für jede Transportart verwendet werden, wenn Ware an eine Landesgrenze geliefert wird.

DDP

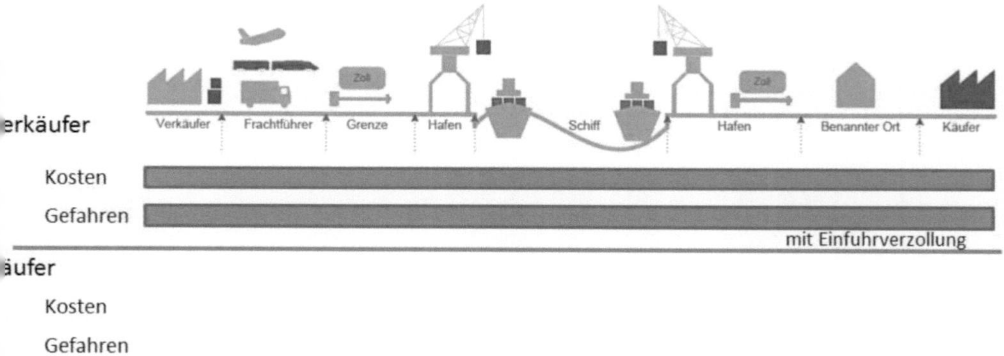

„Geliefert verzollt" bedeutet, dass der Verkäufer dem Käufer die zur Einfuhr freigemachte Ware an dem benannten Bestimmungsort auf dem ankommenden Beförderungsmittel unentladen liefert. Der Verkäufer hat alle Kosten und Gefahren der Beförderung der Ware bis dorthin zu tragen, einschließlich, falls anwendbar, jeglichen für die Einfuhr in das Bestimmungsland erforderlichen Zolls.

So wie bei den Incoterms die Klausel EXW die Mindestverpflichtung des Verkäufers darstellt, handelt es sich bei der DDP-Klausel um die Maximalverpflichtung.

Verpflichtungen des Verkäufers	Verpflichtungen des Käufers
Lieferung vertragsgemäßer Ware	Zahlung des Kaufpreises
Formalitäten für die Ausfuhr	Hilfe auf Verlangen für Formalitäten
Verpflichtung zum Beförderungsvertrag; Versicherung nicht unbedingt notwendig	Keine Verpflichtung zum Beförderungs- oder Versicherungsvertrag
Lieferung bis siehe Grafik	Abnahmepflicht wenn vertragsgemäß
Gefahrenübergang siehe Grafik	Gefahrenübergang bei Anlieferung

5.2. Dokumenten-Akkreditive

Es gelten die ERA 600 (neueste Fassung)

Avisierende Bank = Die Bank, die das Akkreditiv im Auftrag der eröffnenden Bank avisiert.

Auftraggeber = Die Partei, in deren Auftrag das Akkreditiv eröffnet wurde.

Bankarbeitstag = Ein Tag, an dem eine Bank an dem Ort, an dem eine Handlung unter diesen Regeln auszuführen ist, üblicherweise geöffnet ist.

Dokumente, die dazu gehören:

- Handelsrechnung (commercial invoice);
- Packliste (packing list);
- Frachtbrief oder Luftfrachtbrief (express courier receipt, airway bill)
- Ursprungszeugnis (certificate of origin);
- Konnossement (bill of lading);
- Abladebestätigung,
- Übernahmebestätigung (forwarders certificate receipt); Versicherungszertifikate;
- evtl. Qualitätszeugnisse;
- evtl. Reederei-Zertifikate

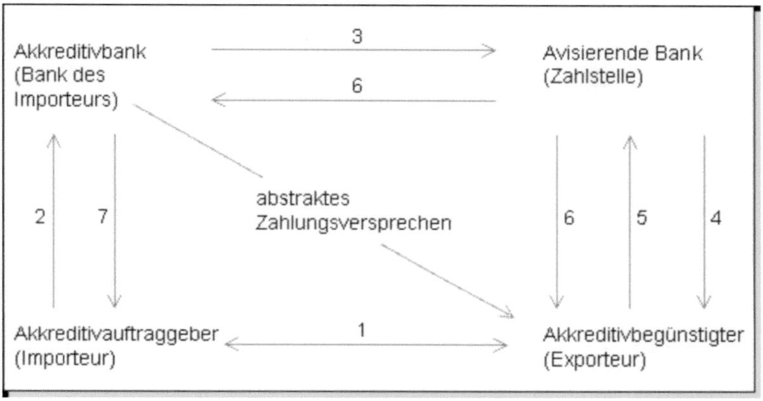

Die Abwicklung beim Dokumentenakkreditiv

1. Zunächst schließen Exporteur und Importeur einen Kaufvertrag und vereinbaren die Zahlungsmodalität: Dokumentenakkreditiv (in Englisch: Letter of Credit)
2. Der Importeur stellt an seine Bank (Die Akkreditiv-Bank) einen Akkreditiv-Eröffnungsantrag.
3. Die Akkreditiv-Bank sendet diesen Akkreditiv-Eröffnungsantrag an die Bank des Exporteurs (Das ist die Akkreditiv-Stelle)
4. Die Akkreditiv-Stelle benachrichtigt den Exporteur, dass das Akkreditiv eröffnet wurde.
5. Der Exporteur bringt nun die Ware auf den Weg und erhält vom Spediteur die Dokumente.
6. Diese Dokumente reicht der Spediteur bei seiner Bank ein und erhält nach Prüfung sein Geld.
7. Anschließend versendet die Bank des Exporteurs die Dokumente an die Bank des Importeurs und belastet diese mit dem Akkreditiv-Betrag.
8. Auch die Bank des Importeurs überprüft die Dokumente. Wenn diese Dokumente in Ordnung sind, belastet sie den Importeur mit dem offenen Betrag und händigt ihm die Dokumente aus.
9. Schließlich holt sich der Importeur die Ware gegen Vorlage der Dokumente beim Spediteur ab.

Konnossement

Shipper	Der Shipper ist der Versender der Ware und des Konnossements.
Consignee	Hier findet man meistens den wichtigen Orderzusatz „To order“
Notify Party	Die Benachrichtigungsadresse, wenn die Ware angekommen ist. (Das muss nicht immer der eigentliche Empfänger sein)
Unterstes Feld	Hier müssen unbedingt folgende Angeben enthalten sein: ▪ „shipped on board“ ▪ Stempel ▪ Unterschrift Nur dann ist das Konnossement auch akkredtiv-konform.

Aufgaben und Eigenschaften des Konnossements sind:

- Empfangsbescheinigung (Quittung) für den Befrachter (Shipper),
- Beförderungsversprechen des Verfrachters,
- Ablieferungsversprechen des Verfrachters,
- Beweisurkunde für den Abschluss des Stückgutvertrages, wenn kein schriftlicher Seefrachtvertrag geschlossen wurde,
- Warenwertpapier – kann beim Order-Konnossement durch ein Indossament übertragen werden.

Notwendige Angaben im Konnossement sind:

- Verfrachter (Reederei),
- Ablader (Shipper), kann sein: Verkäufer, Spediteur, Hersteller,
- Empfänger (consignee),
- Meldeadresse (Notify),
- Schiffsname mit Reise- Nummer (Voyage-no.),
- Ladehafen,
- Löschhafen (also Hafen der Entladung),
- An Bord genommene Güter,
- Bestimmung über die Fracht (freight prepaid / freight collect),
- Anzahl der gezeichneten Originale (3/3),
- „Shipped on board“ - Vermerk

6. Führung und Management im Unternehmen

6.1. Organisation

Netzplantechnik

Vorgangsnummer		
Benennung der Aktivität		
Frühester Zeitpunkt	Dauer	Frühester Endzeitpunkt
Spätester Zeitpunkt	Pufferzeitraum	Spätester Endzeitpunkt

Im Knoten gilt:

Vorwärtsrechnung: FEZ = FAZ + Dauer

Rückwärtsrechnung: SAZ = SEZ - Dauer

FEZ=Frühester Endzeitpunkt; FAZ = Frühester Anfangszeitpunkt; SEZ = Spätester Endzeitpunkt

Vorwärtsrechnung: FAZ (vom Nachfolgeknoten) = FEZ (Vorgängerknoten). Bei mehreren Pfeileingängen in den Knoten wird der höchste FAZ eingetragen.

Rückwärtsrechnung: SEZ (vom Vorgängerknoten) = SAZ (vom Nachfolgerknoten). Bei mehreren Pfeilausgängen aus dem Knoten wird der kleinste SEZ eingetragen.

Im Startknoten (Projektstart) gilt: FAZ = SAZ = 0

Im Zielknoten (Projektziel) gilt: FEZ = SAZ

Unter dem **kritischen Weg** versteht man den längsten zeitlichen Weg über die Vorgänge mit keiner Gesamtpufferzeit von Projektstart bis Projektziel.

Aufbau eines Beispiels

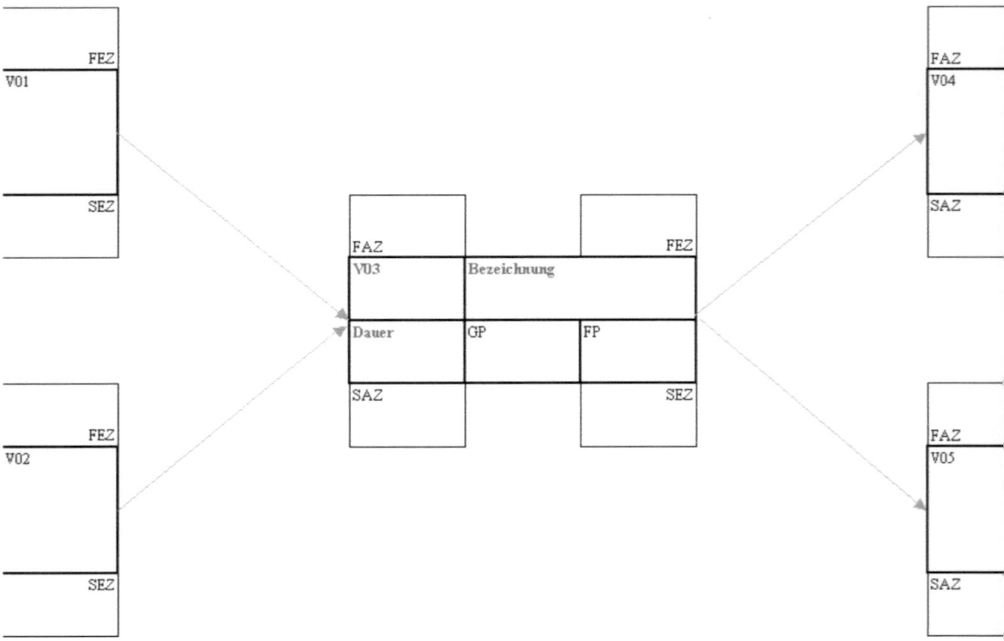

6.1.1. Kennzahlen für die Netzplantechnik

Die folgenden Kennzahlen können für Netzplantechniken verwendet werden.

Vorgabezeit (Zeitaufnahme)

Sollzeit = $\frac{Leistungsgrad\ in\ \%}{100\ \%} * Ist{-}Zeit$

Das Ergebnis ist eine Prozent-Zahl!

Leistungsgrad

Leistungsgrad[58] = $\frac{Beobachtete\ Ist{-}Leistung}{Normalleistung} * 100\%$

Das Ergebnis ist eine Prozent-Zahl!

Leistungsfaktor

Leistungsfaktor = $\frac{Leistungsgrad\ in\ \%}{100\ \%}$

Das Ergebnis ist eine Prozent-Zahl!

Arbeitsproduktivität[59]

Arbeitsproduktivität = $\frac{Ausbringungsmenge\ in\ Stück}{Arbeitszeit\ in\ Stunden}$

Das Ergebnis ist eine Prozent-Zahl!

58 Der Leistungsgrad wird meistens nicht errechnet, sondern nur beurteilt.

59 Wird oft auch als „Mengenleistung“ bezeichnet.

Wirkungsgrad

$$\text{Wirkungsgrad} = \frac{Ausgabe\ (Arbeitsergebnis)}{Eingabe\ (Arbeitsgegenstand)} * 100\%$$

Das Ergebnis ist eine Prozent-Zahl!

Zeitgrad

$$\text{Zeitgrad}^{60} = \frac{Soll\text{–}Auftragszeit}{Ist\text{–}Auftragszeit} * 100\%$$

Das Ergebnis ist eine Prozent-Zahl!

[60] Der Zeitgrad wird nach Beendigung der durchgeführten Arbeiten berechnet.

Zeitarten in der Netzplantechnik

Auftragszeit = Rüstzeit + Ausführungszeit

Gliederung der Rüst- und Ausführungszeit in

- **Grund-,**
- **Erholung- und**
- **Verteilzeit**.

Rüstzeit: Zeit für Vorbereitung der notwendigen Arbeiten

Ausführungszeit: Zeit für eigentliche Tätigkeit

Grundzeit: Zeit für planmäßige Ausführung der Arbeit; Gliederung in Tätigkeitszeiten und Wartezeiten

Erholungszeiten: Zeiten, die notwendig sind, um Ermüdung die durch Arbeit verursacht wurde, auszugleichen

Verteilzeiten: berücksichtigen unregelmäßig auftretende Störungen im Arbeitsablauf

- sachliche Verteilzeiten (Zeiten für kurzfristige Störungen oder kleine Wartungsarbeiten)

- persönliche Verteilzeiten (Zeiten für persönliche Angelegenheiten des Arbeitnehmers)

Ersparnisgrade

Zeitersparnisgrad

Zeitersparnisgrad = $\frac{vorgegebene\ Auftragszeit - verbrauchte\ Zeit}{vorgegebene\ Auftragszeit} * 100$

Das Ergebnis ist eine Prozent-Zahl!

Materialersparnisgrad

Materialersparnisgrad = $\frac{eingesparte\ Menge}{Eingabezeit} * 100$

Das Ergebnis ist eine Prozent-Zahl!

Nutzungsgrad

Nutzungsgrad = $\frac{Summe\ der\ Sollzeit\ aller\ gefertigten\ Teile}{Betriebszeit} * 100$

Das Ergebnis ist eine Prozent-Zahl!

Nacharbeitsgrad

Nacharbeitsgrad = $\frac{Nacharbeitszeit}{Produktionszeit} * 100$

Das Ergebnis ist eine Prozent-Zahl!

Ausschussgrad

Ausschussgrad = $\frac{Ausschussmenge}{Produktionsmenge} * 100$

Das Ergebnis ist eine Prozent-Zahl!

Prozesskostensatz[61]

$$\text{Prozesskostensatz} = \frac{Prozesskosten\ (Input)}{Prozessmenge\ (Output)}$$

Alle Ergebnisse hier sind finanzielle Werte!

---

[61] Die Prozesskostensätze ermöglichen eine verursachungsgerechtere Kalkulation in der Kostenträgerstückrechnung als die Zuschlagskalkulation. (Coenenberg, Fischer, & Günther, 2009)

Organisationsarten

Ein-Linien-System

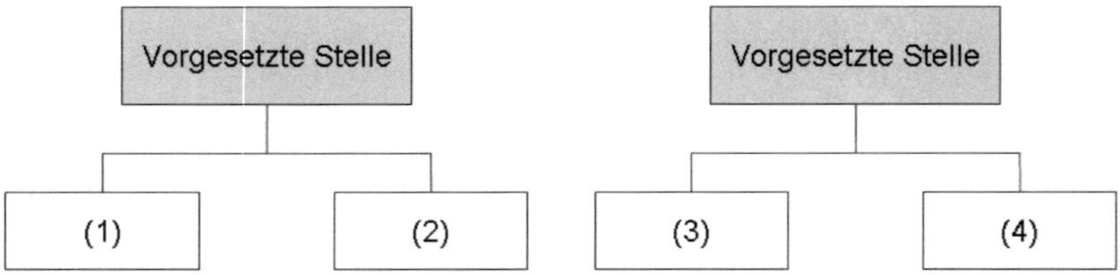

Mehr-Linien-System

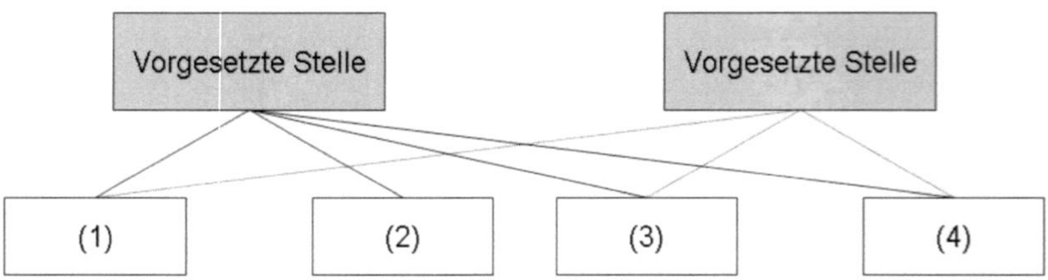

6.2. Management & Strategien

Balanced Scorecard

Die Balanced Scorecard ist ein Instrument zur Unternehmensführung.

Die Balanced Scorecard soll zur Durchsetzung einer Strategie nicht mehr als 20 Ziele enthalten. Zur Planung und dem Verfolgen der Zielerreichung werden die Ist- und Sollwerte gegenübergestellt. Zur Sicherstellung der Zielerreichung werden Maßnahmen der Steuerung geplant. (Olfert & Rahn, 2011)

Wertanalyse

Ist ein spezielles Verfahren zur Ergebnisverbesserung in Unternehmensbereichen.[62]

1	**Ermittlung des IST-Zustandes**	Gegebenheiten werden erfasst
2	Prüfung des IST-Zustandes	Funktionserfüllung und Funktionskosten werden beurteilt.
3	Ermittlung von Lösungen	Erfolgen vielfach unter Anwendung von Kreativitätstechniken
4	Prüfung von Lösungen	Lösungsvorschläge werden auf Realisierbarkeit geprüft
5	Auswahl des Lösungsvorschlags	

Unternehmensanalyse

ist eine Untersuchung der Stärken und Schwächen eines Unternehmens.[63] Die Unternehmensanalyse kann umfassen:

- **Stärken und Schwächen-Analyse**: positive und negative Merkmale des eigenen Unternehmens werden mit den wichtigsten Konkurrenten vergleicht.
- **Bereichsanalyse**: bezieht sich auf einzelne Unternehmensbereiche (Abteilungen, Abläufe usw.)
- **Gap-Analyse**: Gegenüberstellung von realisierter Umsatzkurve und geplanter Soll-Umsatzkurve.
- **Portfolio-Analyse**: Untersuchung von Marktwachstum und Marktanteil (Siehe auch „BCG-Portfolio"
- **Kennzahlenanalyse**: Auswertung von Kennzahlen, wie z. B. Rentabilität, Cashflow usw.

---

[62] Sie wird auch oft als „Funktionswertanalyse" bezeichnet.

[63] Sie wird auch oft als „Betriebsanalyse" bezeichnet.

Corporate Governance

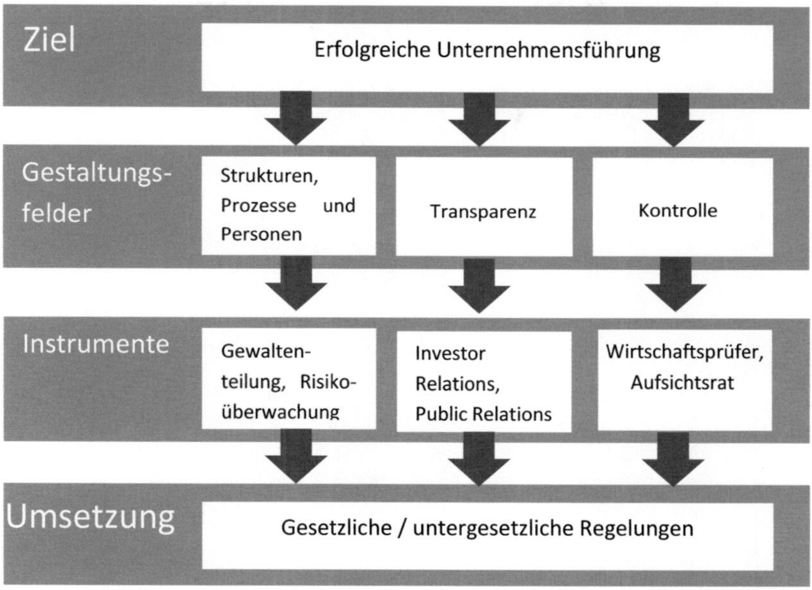

Managementtechniken

Management by Exception Führung durch Abweichungskontrolle und Eingreifen in Ausnahmefällen
Konzept: • Mitarbeiter soll normale Arbeiten seines Aufgabengebietes selbstständig bearbeiten • Die Führungskraft greift nur in Ausnahmefällen oder bei Abweichungen ein
Zielsetzung: Entlastung der Führungskraft
Beurteilung: + Führungskraft kann von Routine-Arbeiten entlastet werden. + Kritische Situationen können erkannt werden - Eigeninitiative der Mitarbeiter wird nicht gefördert

Management by Delegation Führung durch Delegation und Anweisung von Aufgaben
Konzept: • Führungskraft überträgt Aufgaben an den Mitarbeiter und kontrolliert diese • Der Mitarbeiter trägt Verantwortung im übertragenen Aufgabenbereich und darf in dieser A auch selbst entscheiden
Zielsetzung: Entlastung der Führungskraft von Routineaufgaben
Beurteilung: + Entlastung der Führungskraft von Routineentscheidungen - Abgrenzungsproblem für Mitarbeiter zwischen Routine-Arbeiten und Ausnahmefällen - Zielorientiertes Handeln des Mitarbeiters wird nicht erreicht

Management by Objectives Führung durch Zielvereinbarung; Bildung einer Zielhierachie
Konzept: • Führungskraft und Mitarbeiter einigen sich auf Zielvereinbarungen • Der Mitarbeiter kann frei gestalten um sein Ziel zu erreichen
Zielsetzung: Arbeitsteilung durch Teilzielbildung; zielorientiertes Handeln auf allen Ebenen;Mitarbeitermotivation
Beurteilung: + Entscheidungsfreiheit für Mitarbeiter (Höhere Motivation für Mitarbeiter) + Mitarbeiter entscheiden zielorientiert - Formulierung der Teilziele kann schwierig sein

Management by System Führung durch Systemsteuerung
Konzept: Ganzheitliche Führung durch ein computer-gestütztes Planungs-, Kontroll- und Informations-System nach den Regeln der Kybernetik (Systemsteuerung).
Zielsetzung: Erreichung der Ziele durch computergesteuerte Planung und Verknüpfung
Beurteilung: + Ausbau eines System zur Entscheidungsunterstützung + Arbeitserleichterung durch automatische Abläufe - Motivationsproblem - Meistens sind nur Routine-Arbeiten steuerbar

7. Personalmanagement

Personalbedarfsermittlung

		Beispiel
Aktueller Stellenbestand		28
+	Geplante Zugänge	+ 2
-	Geplante Abgänge	- 5
=	**Bruttopersonalbedarf**	**25**
Personalbestand		27
+	Sichere Personal-Zugänge	+ 4
-	Sichere Personal-Abgänge	- 2
-	Geschätzte Personal-Abgänge	- 1
Fortgeschriebener Personalbestand		28
Nettopersonalbedarf **(=Bruttopersonalbedarf – Fortg. Personalbestand)**		**- 3**

Man unterscheidet zwischen:

- Einsatzbedarf
- Neubedarf
- Reservebedarf
- Ersatzbedarf

Lohnformen

Zeitlohn = Lohn pro Zeiteinheit[64]* Anzahl der Zeiteinheiten

Zeitakkord = Leistungsmenge * Vorgabezeit * Minutenfaktor

Minutenfaktor = $\frac{Akkordrichtsatz}{60\ Minuten}$

Akkordrichtsatz = tariflicher Mindestlohn + Akkordzuschlag

In Arbeitsverträgen ist die Vereinbarung eines Bruttolohns üblich. Der dem Arbeitsnehmer auszuzahlende Nettolohn ergibt sich wie folgt:

Bruttolohn
- Lohnsteuer
- Kirchensteuer, Solidaritätszuschlag
- Rentenversicherungsbetrag (Anteil von AN: 50%)
- Krankenversicherungsbeitrag (Anteil von AN: 50%)
- Arbeitslosenversicherungsbeitrag (Anteil von AN: 50%)
- Pflegeversicherungsbeitrag (Anteil von AN: 50%)

= **Nettolohn** (als Auszahlungsbetrag)

[64] Wie z. B. eine Stunde – dann wäre es der Stundenlohn.

<table>
<tr><th colspan="4">Lohnformen</th></tr>
<tr><td>Zeitlohn</td><td colspan="3">Leistungslohn</td></tr>
<tr><td rowspan="3"></td><td colspan="2">Akkordlohn</td><td rowspan="3">Prämienlohn
zB.:
- Qualitätsprämie
- Terminprämie
- Ersparnisprämie</td></tr>
<tr><td>Einzelakkord</td><td>Gruppenakkord</td></tr>
<tr><td colspan="2">=> Berechnung als Zeitakkord oder Geldakkord</td></tr>
</table>

1. Zeitlohn

Entlohnung erfolgt nach Dauer der Arbeitszeit, angemessene Normalleistung wird vorausgesetzt

2. Leistungslohn

Es besteht direkte Beziehung zwischen Lohnhöhe und Leistung

Akkordlohn:

- Geldakkord (Stückgeldakkord): Festlegung eines bestimmten Geldbetrags für Leistungseinheit
Lohn = Menge (Stückzahl) x Geldsatz

- Zeitakkord (Stückzeitakkord): Vorgabe einer bestimmten Durchschnittszeit für Erstellung einer Leistung
L = Menge pro Stunde x Vorgabezeit x Minutenfaktor

Errechnung des Minutenfaktors:

Tariflicher Mindestlohn (Zeitlohn)
+ 15 % - 25 % Akkordzuschlag
= Grundlohn o. Akkordrichtsatz
: 60
= Minutenfaktor

Arten der Erfolgsbeteiligung		
Leistungsbeteiligung	**Ertragsbeteiligung**	**Gewinnbeteiligung (größte Bedeutung)**
zB. Beteiligung an - Produktionsmenge - Kostenersparnis	zB. Beteiligung an - Umsatz - Nettoertrag	zB. Beteiligung an - Bilanzgewinn - ausgeschüttetem Gewinn

Bei Durchführung der Gewinnbeteiligung sind besonders folgende Fragen zu klären:

- Welcher Gewinn soll als Beteiligungsgrundlage verwendet werden?
- Wie soll dieser Gewinn zwischen Arbeitgebern (= Eigentümer) und Arbeitnehmern verteilt werden (Aufschlüsselung)?
- Welchen Anteil erhält der einzelne Mitarbeiter?
- Wie soll Gewinnbeteiligung ausbezahlt werden?

Kennzahlen für Personalbeschaffung und -auswahl

Personalbedarf

Personalbedarf = $\frac{Kapazitätsbedarf\ in\ Stunden}{Kapazitätsbestand/Person}$

Das Ergebnis ist eine Zahl!

Personalintensität[65]

Personalintensität = $\frac{Personalaufwand}{Umsatz} * 100$

Pro-Kopf-Leistung[66]

Pro-Kopf-Leistung = $\frac{Gesamtleistung\ in\ EUR}{Mitarbeiteranzahl} * 100$

Wertschöpfung der Mitarbeiter

Wertschöpfung = Umsatzerlöse
– Materialeinzelkosten
- Fremdleistung

[65] Wird auch oft als „Personalkostenquote“ bezeichnet.
[66] Wird auch oft als „Produktivität der Mitarbeiter“ bezeichnet.

Einstellungsquote

$$\text{Einstellungsquote} = \frac{Anzahl\ der\ Einstellungen}{Anzahl\ der\ Bewerbungen}$$

Frauenquote

Frauenquote[67] $= \frac{Anzahl\ der\ weiblichen\ Mitarbeiter}{Summe\ der\ Mitarbeiter} * 100$

Grad der Personaldeckung

$$\text{Grad-Personaldeckung} = \frac{tatsächliche\ Einstellungen}{Anzahl\ benötigter\ Mitarbeiter} * 100$$

Produktivität der Personalbeschaffung

$$\text{Produktivität} = \frac{Bewerbungen\ (Vorstellungen;\ Einstellungen)}{Beschaffungsmitarbeiter}$$

Interne Stellenbesetzung

$$\text{Int. Stellenbesetzung} = \frac{Stellenbesetzungen\ aus\ eigenem\ Unternehmen}{Gesamtzahl\ von\ Stellenbesetzungen}$$

---

[67] Natürlich kann nach dem gleichen Schema hier auch eine Männerquote errechnet werden. Wir haben diese Kennzahl allerdings der Formelsammlung hinzugefügt, da die „Frauenquote" in Unternehmen zur Zeit häufig ein Thema der Medien ist.

Personalcontrolling

Cashflow pro Mitarbeiter = $\frac{Cashflow}{durchschnittliche\ Mitarbeiteranzahl}$

Fehlzeitenquote = $\frac{Fehlzeiten\ (Tage\ oder\ Stunden)}{Sollarbeitszeit\ (Tage\ oder\ Stunden)}$

Fluktuationsquote = $\frac{Anzahl\ der\ Austritte\ pro\ Jahr}{durchschnittliche\ Mitarbeiteranzahl}$

Pro-Kopf-Umsatz = $\frac{Umsatz}{durchschnittliche\ Mitarbeiteranzahl}$

Krankheitsquote = $\frac{Krankheitstage\ einer\ Periode}{Sollarbeitstage\ einer\ Periode}$

Arbeitsproduktivität = $\frac{Ausbringungsmenge}{Eingesetzte\ Arbeitsstunden}$

Erklärungen von Stichworten

Break-even-Menge= die kritische Menge am Übergang von der Verlust- in die Gewinnzone, bei der das Ergebnis gerade null ist. Der Break-even-Point ist erreicht, wenn die Fixkosten durch die aus den verkauften Produkten erzielten Deckungsbeiträgen gedeckt werden.

Direct Costing= Form der Teilkostenrechnung, die zwischen fixen und variablen Kosten unterscheidet.

Hedging= dient zur Absicherung von Risiken im Außenhandel

IFRS = International Financial Reporting Standards; weltweite Harmonisierung der Rechnungslegung.

Interner Zinsfuß= Zins, bei dem der Kapitalwert der diskontierten Ein- und Auszahlungen null ist. Der interne Zins drückt die Rendite (effektive Verzinsung) eines Investitionsprojekts aus.

Liquidität = man verfügt über genügend Zahlungsmittel um jederzeit alle Rechnungen begleichen zu können.

Minimalprinzip = wenn ein bestimmter Erfolg mit geringsten Mitteln zu erreichen ist.

Maximalprinzip = wenn mit gegebenen Mitteln ein größtmöglicher Erfolg zu erzielen ist.

Shareholder Value= Unternehmensphilosophie, die die Interessen der Unternehmenseigentümer in den Mittelpunkt stellt. Der Unternehmenswert soll hierbei langfristig gesteigert werden.

Klingt anders – ist aber das gleiche

Abzinsungsfaktor = Barwertfaktor
Aufzinsungsfaktor = Endwertfaktor
Gesamtkapital = Bilanzsumme
Gewinn = Überschuss
Gewinn = Einnahmeüberschuss
Gewinn = Einzahlungsüberschuss
Gezeichnetes Kapital = Grundkapital
Gezeichnetes Kapital = Nominalkapital
Restwert = Resterlös
Restwert = Liquidationserlös
Verkaufspreis = Verkaufserlös
Verkaufspreis = Absatzpreis

Literaturverzeichnis

Coenenberg, A. G., Fischer, T. M., & Günther, T. (2009). *Kostenrechnung und Kostenanalyse.* Stuttgart: Schäffer-Poeschel Verlag Stuttgart.

Commerce, I. C. (2010). *Incoterms 2010.* Paris.

Deimel, K., Isemann, R., & Müller, S. (2006). *Kosten- und Erlösrechnung.* München: Pearson Education Deutschland GmbH.

Olfert, & Rahn. (2011). *Lexikon der Betriebswirtschaftslehre.* Herne: NWB Verlag.

Peemöller, V. H. (2001). *Bilanzanalyse und Bilanzpolitik.* Wiesbaden: Gabler Verlags GmbH.

Schulte, C. (2008). *Logistik - Wege zur Optimierung der Supply Chain.* München: Verlag Franz Vahlen GmbH.

Schwintowski, H.-P. (2012). *Wettbewerbs- und Kartellrecht.* München: Verlag C.H. Beck.

Zingel, H. (2007). *Bilanzanalyse nach HGB.* Weinheim: Wiley-VCH Verlag GmbH.

Jetzt
auch
noch
erhältlich

Das Buch zum Betriebswirt IHK
Prüfungsvorbereitung – leicht gemacht: Das Buch mit dem kompletten prüfungs-relevanten Wissen und hilfreicher Gesamtübersicht.
Erhältlich bei lernstarter.de für nur 55 Euro

Das Lernkarteikartenset (2 Boxen)
Die Lernkarteikarten zum Betriebswirt IHK und speziell auf die Inhalte dieses Buches abgestimmt.
Erhältlich bei lernstarter.de für nur 50 Euro

Jetzt auch noch erhältlich

Die Übungshefte zum Betriebswirt IHK

Üben, üben und nochmals üben! Und mit unseren Übungsheften ist das kein Problem. In diesen Übungsheften finden Sie jede Menge an realitätsnahen Prüfungsaufgaben inkl. Lösungen.
Erhältlich bei lernstarter.de für je nur 23,90 Euro

Die Projektarbeit zum Betriebswirt IHK

Eine CD-R, die Ihnen bei der Erstellung der Projektarbeit helfen wird und hilfreiche Vorlagen enthält.
Erhältlich bei lernstarter.de für nur 19,90 Euro